Wir entdecken und bestimmen

den Sternenhimmel

Nigel Henbest

Illustrationen von Michael Roffe
Deutsche Fassung von
Hans Joachim Conert

Dieses Bild zeigt den großen Nebel im Sternbild Orion, wie er durch ein Fernrohr zu sehen ist. Wo du ihn findest, wird auf S. 19 gesagt. Wenn du ihn entdeckt hast, hake ihn auf S. 27 ab.

Otto Maier Verlag Ravensburg

Inhalt

Erstausgabe in deutscher Sprache
Erstmals 1979 in den Ravensburger Taschenbüchern

Lizenzausgabe mit Genehmigung der Usborne Publishing Ltd., London
Originaltitel: „Spotter's Guide to the Night Sky"
Originalverlag: Usborne Publishing Ltd., London

Sternkarten: Studio Briggs
Gesamtgestaltung: David Jefferis Ltd.
Umschlagentwurf: Graphisches Atelier, Otto Maier Verlag, unter Verwendung des Umschlags der Originalausgabe

Printed in England

5 4 3 2 83 82 81

ISBN 3-473-39540-4

Einleitung

Wie man dieses Buch benutzt

Mit diesem Buch kannst du die auffälligsten Erscheinungen bestimmen, die der Himmel des Nachts zeigt. Du solltest es unbedingt bei dir haben, wenn du in einer klaren Nacht hinausgehst, um die Sterne zu beobachten. Nicht alle hier abgebildeten Erscheinungen kannst du gleichzeitig sehen, aber die meisten werden im Verlauf eines Jahres zu entdecken sein.

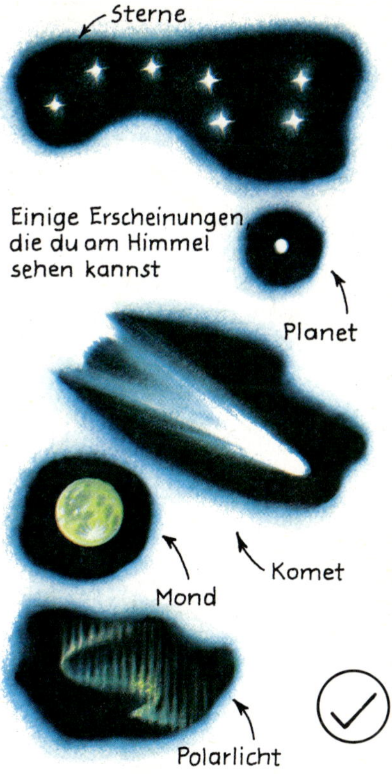

Wenn du einen leuchtenden Himmelskörper siehst, so könntest du annehmen: Je heller er ist, desto näher ist er unserer Erde. Aber das stimmt nicht. Nur der Mond – er ist nur 380.000 km von uns entfernt – und die Planeten sind in der unmittelbaren Nähe der Erde. Die Sterne sind dagegen so weit entfernt, daß ihr Licht mehrere Jahre oder sogar Millionen von Jahren braucht, um bis zur Erde zu gelangen. Bevor du hinausgehst, solltest du das Buch erst einmal gründlich lesen. Auf Seite 8 ist z. B. angegeben, welche Sternbilder du in den einzelnen Monaten auf der Nordhalbkugel der Erde sehen kannst. Beachte auch, wo die Planeten zu dieser Zeit stehen.

Neben der Abbildung ist ein Kreis; wenn du ein Sternbild oder einen Planeten erkannt hast, kannst du sie hier abhaken.

Punktekarten

Hier kannst du deine Entdeckungen eintragen. Für jede Bestimmung erhältst du eine Anzahl von Punkten. Am Ende einer Woche kannst du dann zusammenzählen, wieviel Punkte du in dieser Zeit erreicht hast.

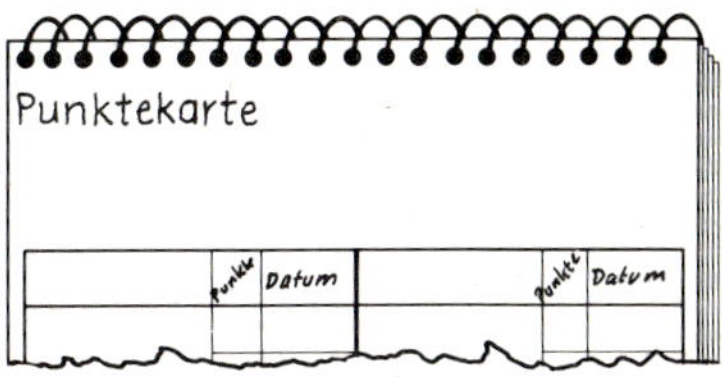

Die Ausrüstung

Bevor du in die Nacht hinausgehst, um den Himmel zu beobachten, mußt du dich warm anziehen. Auch im Sommer wird es nachts kühl. Sehr praktisch ist es, wenn du dich in einen Liegestuhl legst und mit einer Decke zudeckst. Die Füße kommen auf eine Fußmatte. Jetzt bist du vor Kälte und Tau gut geschützt. Bevor du deinen Liegestuhl aufstellst, mußt du aber darauf achten, daß dir keine Häuser oder Bäume im Weg stehen, wenn du den Himmel beobachtest, und daß es in unmittelbarer Nähe keine Straßenlaternen gibt.

Wenn du aus einem hellen Zimmer kommst, brauchen deine Augen mehrere Minuten, bis sie sich auf die Dunkelheit eingestellt haben. Wenn du jetzt eine Taschenlampe anmachst, wirst du so geblendet, daß du minutenlang überhaupt nichts erkennst. Das kannst du vermeiden, indem du ein durchsichtiges, rotes Papier über das Glas der Lampe klebst.

Trinke nichts Heißes, bevor du hinausgehst, du frierst sonst desto mehr. Erst wenn du mit deinen Beobachtungen fertig bist, solltest du etwas Heißes trinken und gleich danach ins Bett gehen. Auf diese Weise vermeidest du eine Erkältung.

Ferngläser und Fernrohre

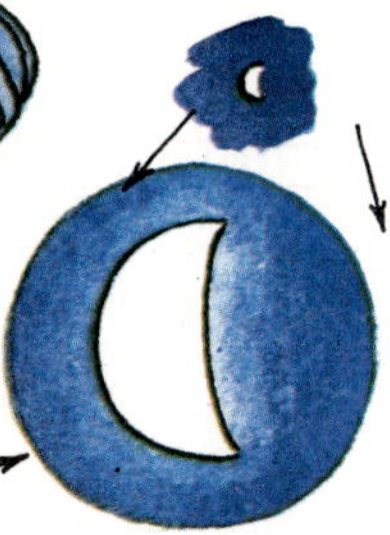

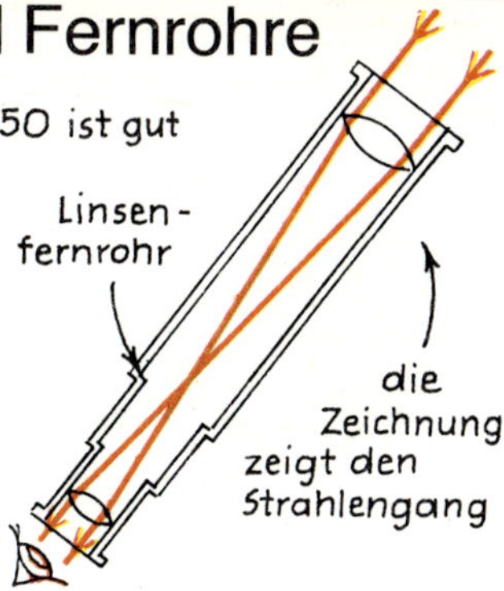

Wenn du in einer klaren Nacht zum Himmel aufschaust, kannst du eine riesige Zahl von Sternen sehen. Wenn du aber ein Fernglas benutzt, so wirst du erstaunt sein, daß sich überall noch andere leuchtende Punkte zeigen, die du vorher gar nicht gesehen hast. Nun wirst du meinen, je stärker die Vergrößerung deines Fernglases ist, desto mehr Sterne kannst du sehen. Das stimmt aber nur zum Teil, denn je stärker die Vergrößerung, desto mehr macht sich die Bewegung deiner Hände und Arme bemerkbar, und die Sterne fangen an zu tanzen. Am besten ist ein Fernglas von 7x50 geeignet. Es ist nicht zu schwer, nicht zu teuer und leicht zu handhaben. Mit ihm kannst du z. B. die Krater auf dem Mond und auch die größeren Planeten recht gut sehen. Auch bei den Sternen kannst du oft erkennen, daß es sich oft gar nicht um einen leuchtenden Punkt, sondern um zwei oder einen ganzen Sternhaufen handelt.

Für ein stärker vergrößerndes Fernrohr, ein Teleskop, mußt du schon sehr viel mehr Geld ausgeben, wenn es gut sein soll. Wenn ein Fernglas und ein Teleskop zum selben Preis zu haben sind, solltest du auf jeden Fall das Fernglas nehmen, es hat dann eine bessere Optik. Bei den Teleskopen werden die Lichtstrahlen entweder durch Linsen (Linsenfernrohr oder Refraktor) oder durch einen Hohlspiegel (Spiegelfernrohr oder Reflektor) gebündelt.

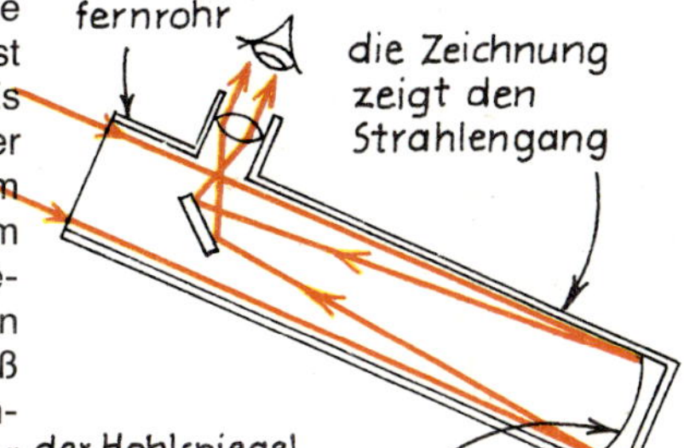

Warnung: Schau niemals direkt in die Sonne, weder mit bloßem Auge noch mit einem Fernglas – das kann deinen Augen sehr schaden!

Unser Platz im Universum

Die Erde dreht sich einmal in 23 Stunden und 56 Minuten

Die Erde erscheint uns als Mittelpunkt der Welt, in Wirklichkeit ist sie aber nur einer von 9 Planeten, die um die Sonne kreisen. Jeden Tag dreht sich die Erde einmal um sich selbst, und in einem Jahr läuft sie einmal um die Sonne.

Auf dieser Reise wird sie vom Mond begleitet, der alle 27 Tage um die Erde wandert und sich dabei einmal um sich selbst dreht. Dadurch wendet er der Erde stets dieselbe Seite zu. Der Mond ist der einzige natürliche Satellit der Erde, andere Planeten haben viele Monde, Jupiter allein hat 14.

Obwohl uns der Mond und die Planeten hell erscheinen, strahlen sie doch kein eigenes Licht aus. Sie werden vielmehr von der Sonne angestrahlt und reflektieren das Licht. Die Sonne ist der Stern, der allein Wärme und Licht erzeugt, und der auch das Leben auf der Erde möglich macht.

Die Abbildung oben zeigt die Milchstraße, eine Galaxis mit unzähligen Sternen, zu denen auch die Sonne gehört. Die Astronomen nehmen an, daß die Milchstraße mindestens 100 Milliarden Sterne enthält. Der rote Pfeil zeigt die Stelle, an der vermutlich die Sonne steht. Im richtigen Maßstab gezeichnet wäre sie viel zu klein, um überhaupt sichtbar zu sein. Die Entfernungen zwischen den Sternen gibt man in Lichtjahren an. Ein Lichtjahr ist die Entfernung, die das Licht innerhalb eines Jahres zurücklegt. Bei einer Geschwindigkeit von 300000 km in der Sekunde sind das 9,4605 Billionen km oder fast 10 Millionen Millionen km. Der uns nächste Stern, Proxima Centauri, ist 4,2 Lichtjahre entfernt, der Durchmesser der Milchstraße beträgt dagegen 100000 Lichtjahre. Im Weltraum gibt es mehrere Billionen Galaxien, die nicht kleiner sind als unser Milchstraßensystem.

Wie alles begann: Der Urknall

Manche Astronomen nehmen an, daß das Weltall vor etwa 13 Milliarden Jahren durch eine ungeheure Explosion entstanden sei. Alle Materie des Weltalls sei zu dieser Zeit dicht zusammengeballt gewesen und plötzlich auseinander geschleudert worden. Andere Wissenschaftler glauben, daß sich das Weltall rhytmisch ausdehnt und zusammenzieht.

Die Sternbilder des nördlichen Himmels

In einer hellen Nacht kann man mit bloßem Auge etwa 3000 Sterne sehen. Die helleren Sterne bilden dabei auffällige Gruppen, die man Sternbilder nennt. Während der Nacht scheinen sich die Sternbilder zu drehen, indem sie von Ost nach West über den Himmel wandern. In Wirklichkeit behalten sie ihre Stellung, und die Erde dreht sich. Der einzige Stern, der scheinbar seinen Platz behält, ist der Polarstern.

Die sichtbaren Sternbilder wechseln im Laufe eines Jahres. Das hat seinen Grund darin, daß die Erde ihre Stellung ändert, während sie sich um die Sonne dreht. Auch von der Nordhalbkugel und der Südhalbkugel der Erde aus sind unterschiedliche Sternbilder zu sehen. Hier die Nordhalbkugel.

Wie man die Sternkarte benutzt

Zuerst drehst du das Buch so weit, daß der laufende Monat genau auf dich zu zeigt. Wenn du nun in deinem Liegestuhl sitzt, so drehe dich genau nach Süden und versuche, ein ganz auffälliges Sternbild aufzufinden. Vergleiche es mit der Sternkarte. Jetzt wirst du die meisten Sternbilder entdecken können, die zwischen dem Polarstern und dem unteren Rand der Sternkarte liegen. Die in die einzelnen Felder eingedruckten Zahlen geben dir nun an, welche Buchseiten du aufschlagen mußt, um noch weitere Sternbilder erkennen zu können. Sie werden durch die gestrichelten Linien begrenzt. Die beiden Abbildungen links von der Sternkarte zeigen dir den Wechsel zwischen den Sternbildern, die im Herbst und die im Winter zu sehen sind.

Wegweiser am Himmel

Folge den Verbindungslinien zwischen den hellen Sternen in der Richtung der gelben Pfeile. Sie weisen dich auf andere Sterne und Sternbilder hin.

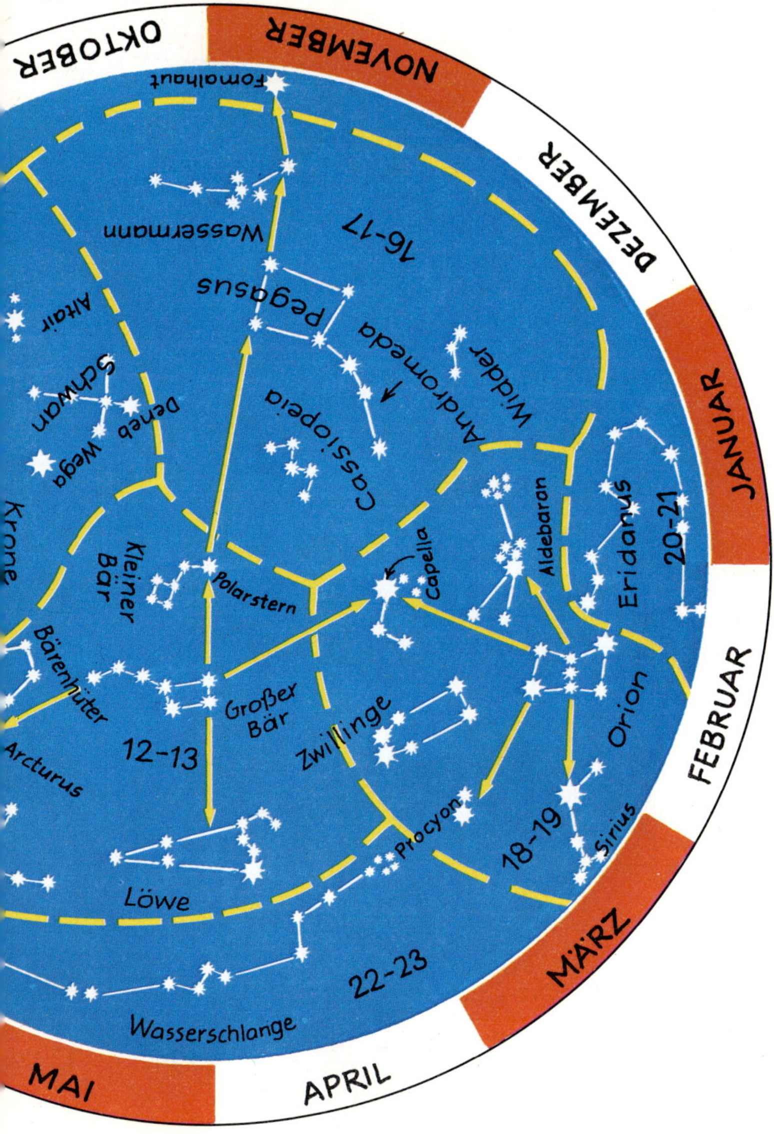

Die Sternbilder des südlichen Himmels

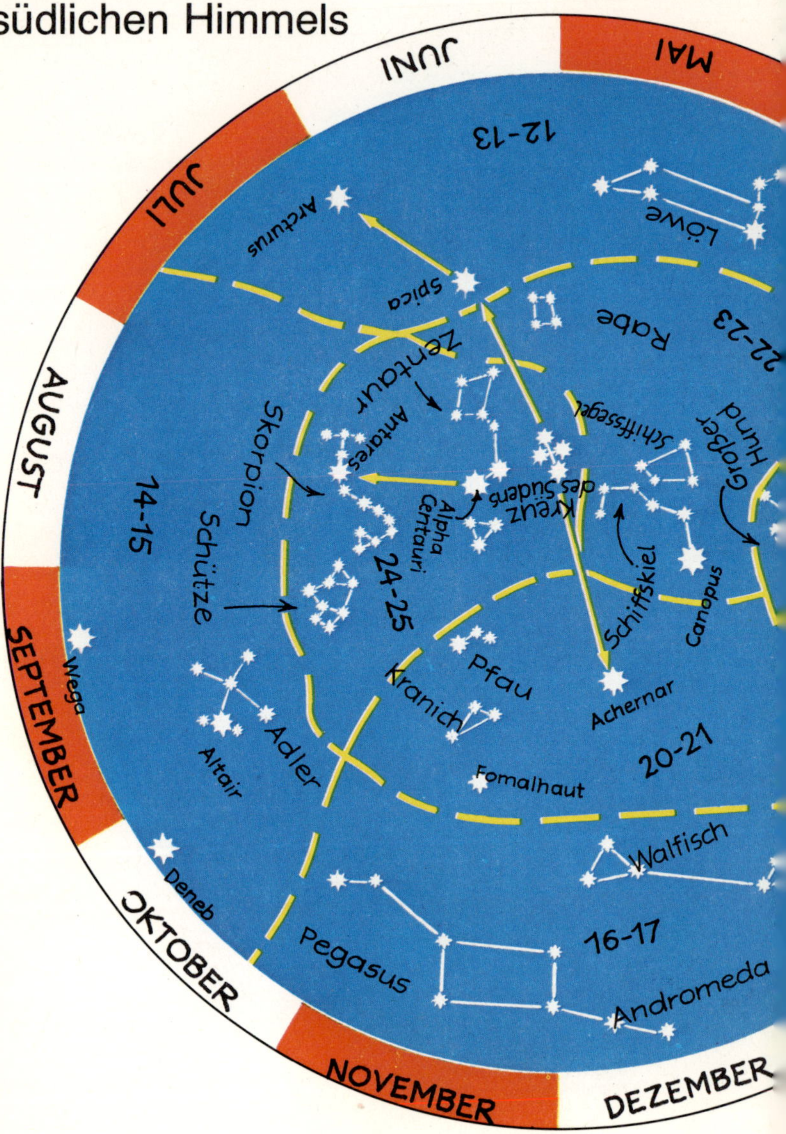

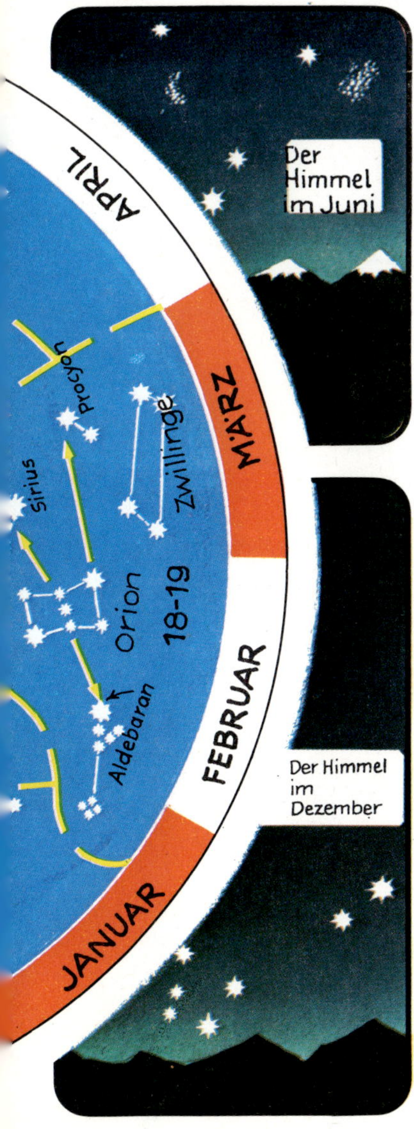

Falls du einmal in Länder kommst, die auf der südlichen Halbkugel der Erde liegen, so mußt du diese Sternkarte benutzen. Auch hier mußt du das Buch so lange drehen, bis du die Bezeichnung des laufenden Monats richtig vor dir hast. Wenn du dich nun so drehst, daß du genau nach Norden blickst, so kannst du die Sternbilder sehen, die zwischen dem Kreuz des Südens und dem unteren Rand der Karte abgebildet sind. Die weniger auffallenden Sternbilder, die hier nicht eingezeichnet sind, findest du auf den genannten Buchseiten. Auf je einer Doppelseite sind die Sternbilder beschrieben, die in dem Gebiet vorkommen, das durch die gestrichelte Linie begrenzt wird.

Wie man die Sternkarten der folgenden Seiten benutzt

Am besten beginnst du, indem du ein besonders helles und auffallendes Sternbild aussuchst, das du bereits kennst, z. B. den Kleinen Bären oder den Großen Bären. Von diesem aus suchst du das nächste Sternbild, z. B. den Drachen, der zwischen den beiden Bären liegt. Drehe das Buch dabei so lange, bis das Sternbild am Himmel mit der Abbildung übereinstimmt. Nimm dir anfangs nicht zu viel vor und wiederhole am nächsten Abend zuerst die Sternbilder, die du bereits kennst, bevor du nach neuen Ausschau hältst. Erst nach einigen Wochen kannst du auch die schwer erkennbaren mit einiger Sicherheit bestimmen.

Drache bis Löwe

1 Drache (Draco)

Viele schwach leuchtende Sterne. Der Kopf wird aus 4 Sternen in der Nähe von Wega gebildet, der Schwanz verläuft zwischen Großem und Kleinem Bär.

2 Jagdhunde (Canes Venatici)

Dieses Sternbild wurde 1690 benannt. Die „Hunde" jagen die „Bären" (siehe Seite 8 und 9).

3 Bärenhüter (Bootes)

Auffallend, drachenförmig. Der Hauptstern, Arcturus, ist der vierthellste Stern am Himmel. Er liegt in der Mitte eines Bogens zwischen der Deichsel des Großen Wagens und Spica (Jungfrau).

4 Haar der Berenike (Coma Berenices)

Ein heller Sternhaufen, von dem 30 Sterne mit dem Fernglas sichtbar sind.

5 Jungfrau (Virgo)

Ein Tierkreissternbild mit dem Hauptstern Spica, der ein helles, weißes Licht ausstrahlt. Dieser Name bedeutet „Kornähre". Im Altertum wurde das ganze Sternbild so bezeichnet.

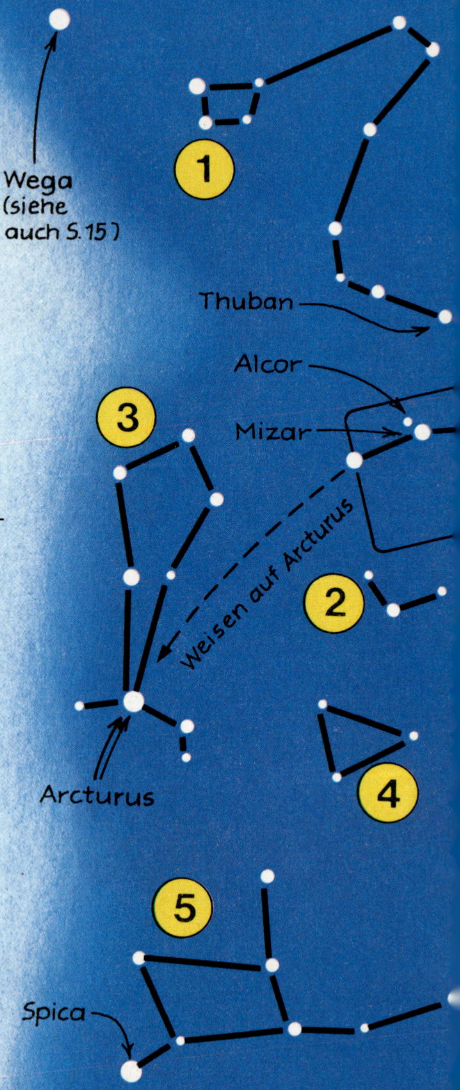

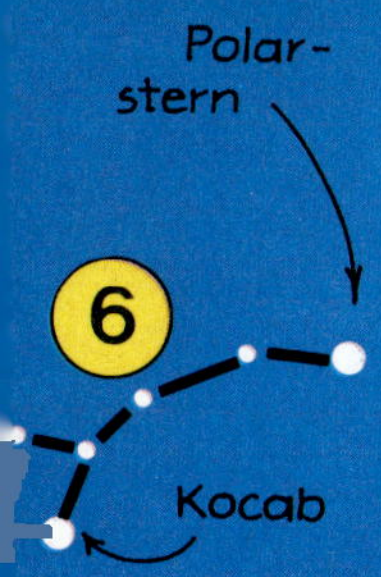

6 Kleiner Bär oder Kleiner Wagen (Ursa Minor) ◯

Besteht aus schwach leuchtenden Sternen und dem hellen Polarstern (Polaris). Er zeigt den Nordpol an, ist auf der ganzen Nordhalbkugel zu sehen und über 50 Lichtjahre von uns entfernt.

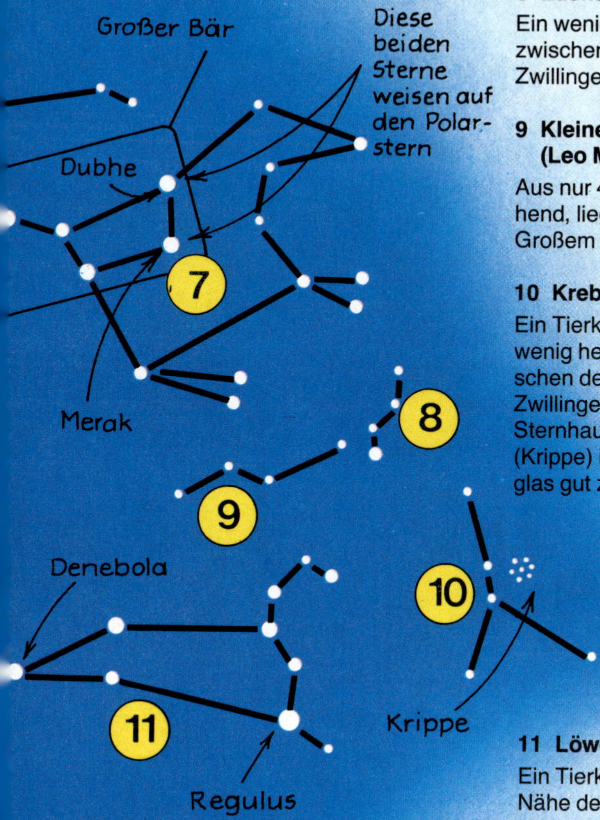

7 Großer Bär oder Großer Wagen (Ursa Major) ◯

Wenn du die Linie zwischen den hinteren beiden Sternen des Wagens (Merak und Dubhe) 5mal verlängerst, erreichst du den Polarstern.

8 Luchs (Lynx) ◯

Ein wenig helles Sternbild zwischen den Sternbildern Zwillinge und Großer Bär.

9 Kleiner Löwe (Leo Minor) ◯

Aus nur 4 Sternen bestehend, liegt zwischen Großem Bär und Löwen.

10 Krebs (Cancer) ◯

Ein Tierkreissternbild aus wenig hellen Sternen zwischen den Sternbildern Zwillinge und Löwe. Der Sternhaufen Praesepe (Krippe) ist mit dem Fernglas gut zu sehen.

11 Löwe (Leo) ◯

Ein Tierkreissternbild in der Nähe des Krebses. Der Hauptstern ist Regulus, er bildet nach der Sage das Herz des Löwen.

Schwan bis Schlange

12 Schwan (Cygnus) ◯

Deneb, der Hauptstern, bildet mit Wega (Sternbild Leier) und Altair (Adler) ein auffallendes Dreieck. Die übrigen Sterne leuchten nur schwach.

13 Delphin (Delphinus) ◯

Ein kleines Sternbild mit dicht zusammenstehenden Sternen. Der Stern am Schwanz des Delphins ist 270 Lichtjahre von uns entfernt.

14 Pfeil (Sagitta) ◯

Besteht aus 4 schwach leuchtenden Sternen zwischen den Sternbildern Schwan und Adler.

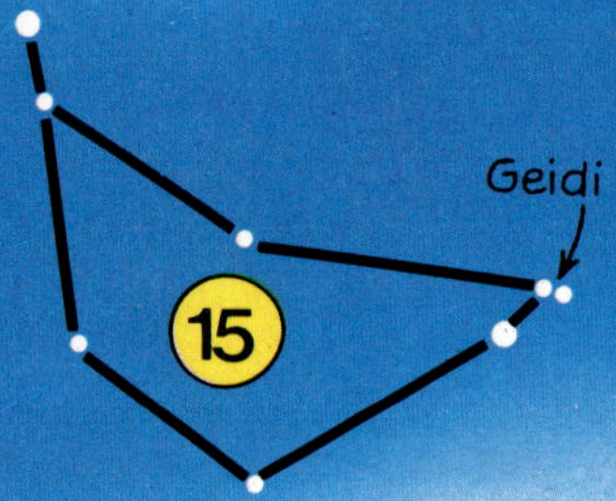

15 Steinbock (Capricornus) ◯

Ein Tierkreissternbild zwischen den Sternbildern Wassermann und Schütze. Der Hauptstern, Giedi, ist ein Doppelstern, das kannst du mit einem guten Fernrohr gerade noch sehen.

16 Adler (Aquila) ◯

Der Hauptstern, Altair, ist auffällig und bildet mit Deneb (12) und Wega (19) ein Dreieck.

17 Schild (Scutum) ◯

Besteht aus schwach leuchtenden Sternen. Wurde 1690 benannt.

18 Fuchs (Vulpecula) ○

Ein wenig auffallendes Sternbild, das zuerst Fuchs und Gans genannt wurde.

19 Leier (Lyra) ○

Klein, aber leicht zu finden. Der Hauptstern, Wega, ist der fünfthellste Stern und 27 Lichtjahre von uns entfernt.

20 Schlangenträger (Ophiuchus) ○

Ein großes kreisförmiges Bild schwach leuchtender Sterne.

21 Herkules (Hercules) ○

Befindet sich südlich vom Kopf des Drachen. Die Mitte des Sternbildes wird aus 4 gleichhellen Sternen gebildet.

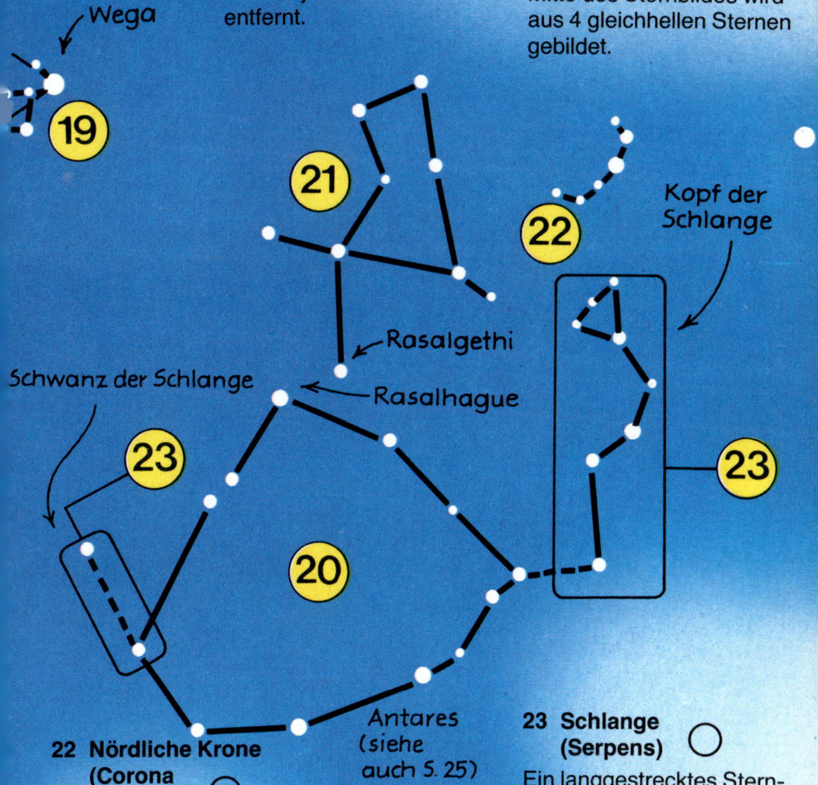

22 Nördliche Krone (Corona Borealis) ○

Ein Halbkreis wenig heller Sterne zwischen Wega und Arcturus.

23 Schlange (Serpens) ○

Ein langgestrecktes Sternbild wenig heller Sterne zwischen den Sternbildern Schlangenträger und Schütze.

Giraffe bis Wassermann

24 Giraffe (Camelopardalis) ○

Wird nur aus 2 hellen Sternen gebildet, es wurde im 17. Jahrhundert benannt.

25 Perseus (Perseus) ○

Ein großes Sternbild, das annähernd ein K bildet. Der wichtigste Stern ist Algol, der alle drei Tage teilweise von einem anderen Stern verdeckt wird und dann weniger hell ist.

26 Andromeda (Andromeda) ○

Das Sternbild bildet östlich von Pegasus 2 Sternreihen. Der Spiralnebel M 31 ist gerade noch mit bloßem Auge zu sehen. Er ist ein Milchstraßensystem, das 2 Millionen Lichtjahre entfernt ist.

27 Dreieck (Triangulum) ○

Besteht aus 3 dicht zusammenstehenden Sternen.

28 Widder (Aries) ○

Ein Tierkreissternbild aus 3 Sternen. Gamma Arietis ist ein Doppelstern.

29 Fische (Pisces) ○

Ein Tierkreissternbild, das aus vielen, aber nur schwach leuchtenden Sternen besteht.

30 Walfisch (Cetus) ○

Ein sehr großes, aber wenig auffallendes Sternbild. Der Hauptstern, Mira, ist rötlich. Er ist 6 Monate lang mit bloßem Auge zu sehen, wird dann schwächer und verschwindet.

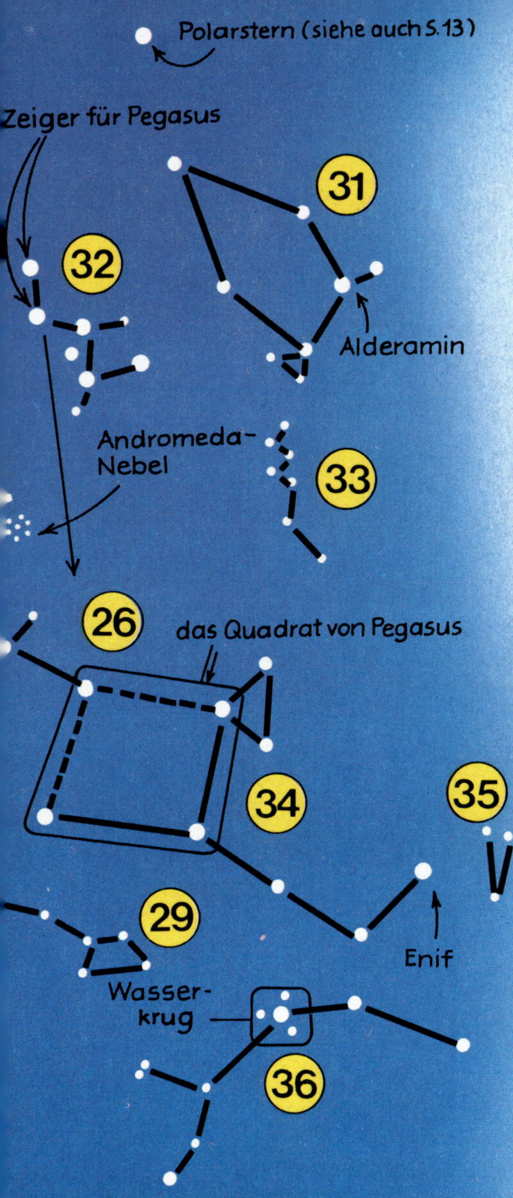

31 Cepheus (Cepheus) ◯

Cepheus ist in der Sage Andromedas Vater. Der Hauptstern ist Alderamin.

32 Cassiopeia (Cassiopeia) ◯

Bildet ein W und ist deshalb leicht zu finden. Die beiden hellsten Sterne weisen auf das Sternbild Pegasus hin.

33 Eidechse (Lacerta) ◯

Besteht aus schwach leuchtenden Sternen, die eine lange geschwungene Linie bilden.

34 Pegasus (Pegasus) ◯

Das Flügelroß liegt in einer Verlängerung vom Polarstern durch Cassiopeia. Das Zentrum wird durch 4 in einem Quadrat stehenden Sterne gebildet.

35 Füllen (Equuleus) ◯

Ein kleines, schwer zu erkennendes Sternbild, das nur in ganz klaren Nächten auftaucht.

36 Wassermann (Aquarius) ◯

Ein Tierkreissternbild zwischen den Sternbildern Steinbock und Fische. Es besteht aus schwach leuchtenden Sternen.

Zwillinge bis Hase

37 Zwillinge (Gemini)

Ein Tierkreissternbild mit 2 hellen Sternen, Castor und Pollux. Sie bilden die Köpfe der Zwillinge. Wenn du die beiden unteren Sterne des Kastens vom Großen Wagen verlängerst, stößt du auf Castor.

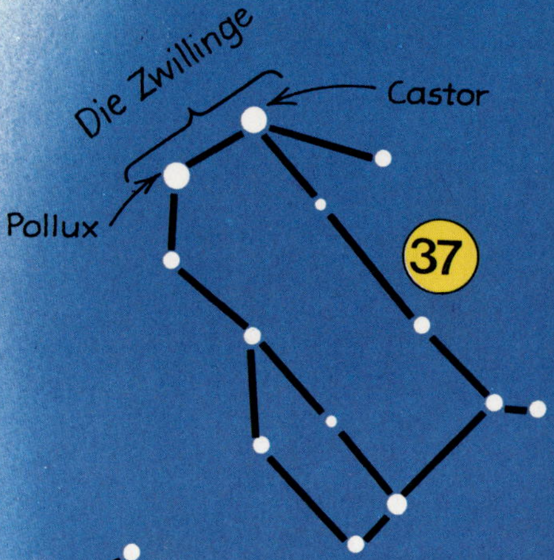

38 Kleiner Hund (Canis Minor)

Gehört nach der Griechischen Sage zum Jäger Orion. Der Hauptstern ist Procyon, ein Doppelstern mit einem weißen Zwergstern als Begleiter.

39 Einhorn (Monoceros)

Dieses unauffällige Sternbild hat nur schwach leuchtende Sterne und erhielt im 17. Jahrhundert seinen Namen. Es besteht aus mehreren Sternhaufen und Nebeln.

40 Großer Hund (Canis Major)

Eine Gruppe heller Sterne, von denen Sirius, der Hauptstern, als der hellste Stern am Himmel erscheint. Er ist nur 8,8 Lichtjahre von uns entfernt.

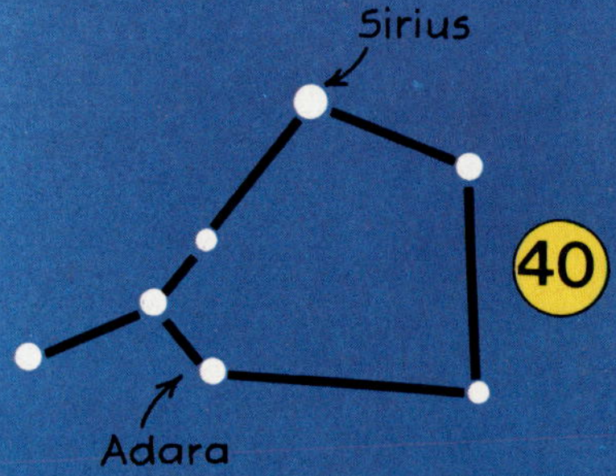

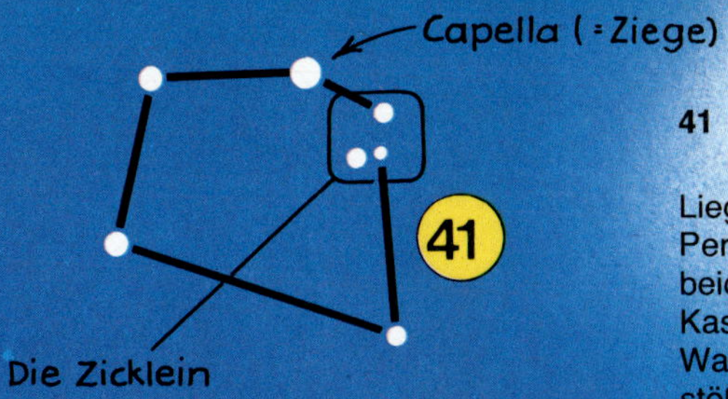

41 Fuhrmann (Auriga) ○

Liegt östlich vom Sternbild Perseus. Wenn du die beiden oberen Sterne des Kastens vom Großen Wagen verlängerst, so stößt du auf Capella, den Hauptstern des Fuhrmann.

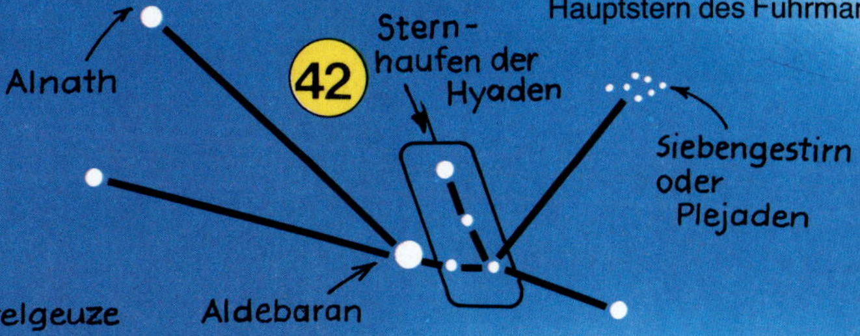

42 Stier (Taurus) ○

Ein Tierkreissternbild, dessen Hauptstern, Aldebaran, das rechte Auge des Stieres darstellt und 68 Lichtjahre entfernt ist. Daneben liegen die Hyaden und die Plejaden (das Siebengestirn).

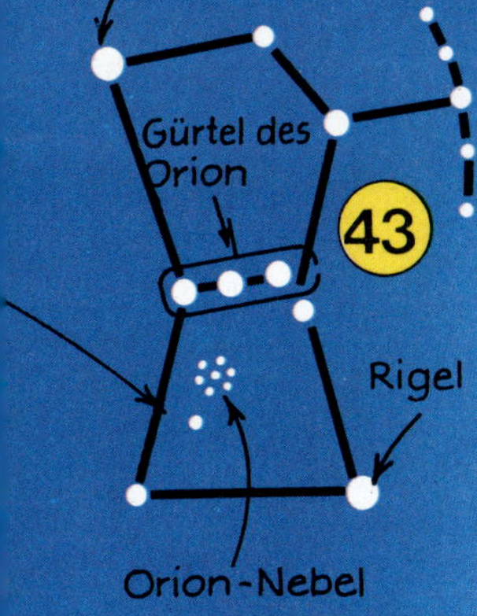

43 Orion (Orion) ○

Der Jäger der Griechischen Sage. Das Sternbild ist leicht zu finden und wird durch ein Rechteck heller Sterne gekennzeichnet, von denen Betelgeuze und Rigel die hellsten sind. Das Schwert wird von einem großen Nebel gebildet.

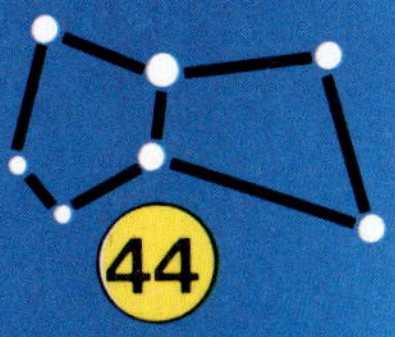

44 Hase (Lepus) ○

In der Griechischen Sage kämpft Orion mit dem Stier, während sich der Hase versteckt. Die Araber nannten dieses Sternbild den Sitzstuhl des Orion.

Taube bis Mikroskop

45 Taube (Columba) ◯

Ein kleines Sternbild in der Nähe des Orion, 1679 benannt.

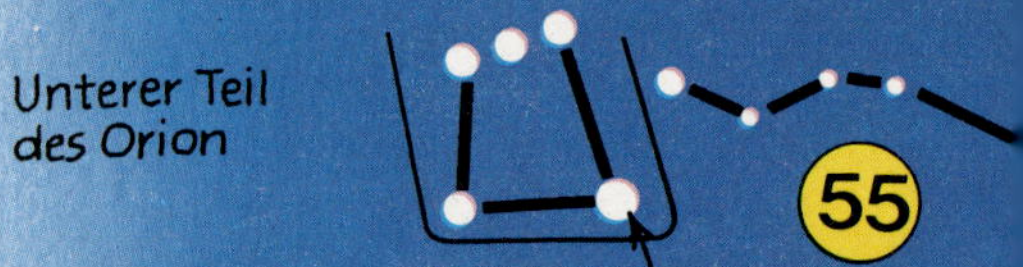

47 Grabsichel (Caelum) ◯

Besteht aus wenigen schwach sichtbaren Sternen.

46 Pendeluhr (Horologium) ◯

Von diesem Sternbild ist nur ein Stern mit bloßem Auge zu sehen.

48 Netz (Reticulum) ◯

Eine kleine Gruppe schwach leuchtender Sterne zwischen Canopus und Achernar.

49 Tafelberg (Mensa) ◯

Ein Sternbild mit schwach leuchtenden Sternen. Nur in klaren Winternächten zu sehen.

50 Südliche Wasserschlange (Hydrus) ◯

Der Kopf bildet ein großes Dreieck und liegt nahe der Kleinen Magellanschen Wolke.

51 Oktant (Octans) ◯

Ein Sternbild des Südhimmels, das aber keinen hellen Stern hat, um den Südpol anzuzeigen.

52 Pfau (Pavo) ◯

Ein auffallendes Sternbild, das aber nur aus schwach leuchtenden Sternen besteht. Kappa Pavonis, der Hauptstern, verändert im Rhythmus von 9,1 Tagen seine Leuchtkraft.

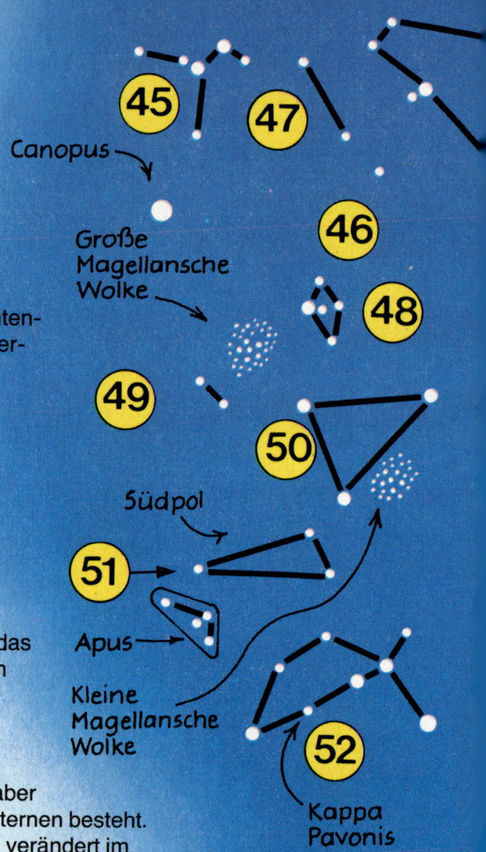

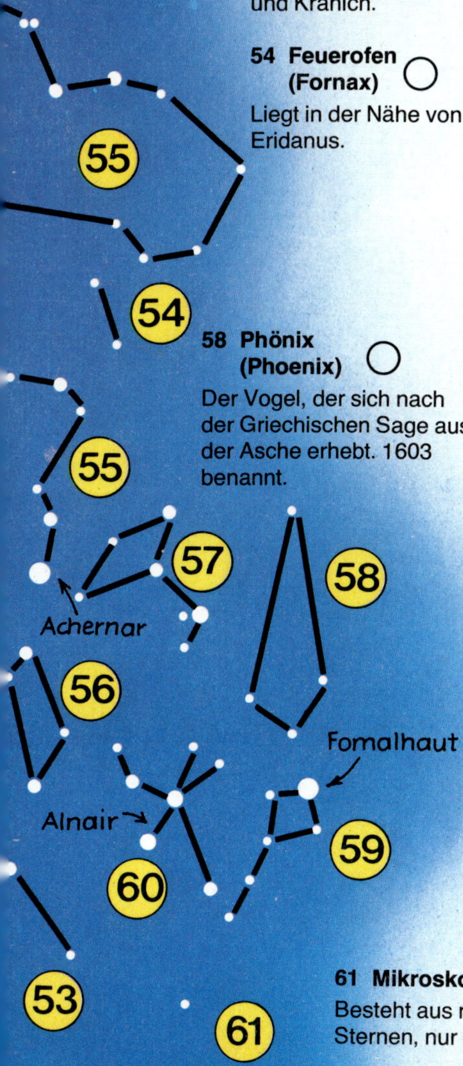

53 Inder (Indus) ○

Liegt zwischen Pfau und Kranich.

54 Feuerofen (Fornax) ○

Liegt in der Nähe von Eridanus.

58 Phönix (Phoenix) ○

Der Vogel, der sich nach der Griechischen Sage aus der Asche erhebt. 1603 benannt.

55 Eridanus (Eridanus) ○

Eine wellenförmige Linie verschieden heller Sterne, die in der Sage den Fluß Eridanus bezeichnet. Achernar ist der Hauptstern.

56 Tukan (Tucana). ○

Eine Gruppe schwach leuchtender Sterne, 1603 von J. Bayer benannt.

57 Bildhauerwerkstatt (Sculptor) ○

Besteht nur aus wenigen, schwach leuchtenden Sternen.

59 Südlicher Fisch (Piscis Austrinus) ○

Der Hauptstern, Formalhaut, ist 24 Lichtjahre von uns entfernt und 13 mal heller als die Sonne.

60 Kranich (Grus) ○

Ein auffallendes Sternbild mit dem Hauptstern Alnair.

61 Mikroskop (Microscopium) ○

Besteht aus mehreren schwach leuchtenden Sternen, nur einer ist sichtbar.

Rabe bis Schwertfisch

62 Rabe (Corvus) ○

Ein kleines Sternbild in einer ziemlich sternenleeren Himmelsgegend.

63 Becher (Crater) ○

Eine kleine Gruppe von 4 wenig hellen Sternen.

64 Luftpumpe (Antlia) ○

Eine kleine Gruppe dunkler Sterne, die 1763 benannt wurde.

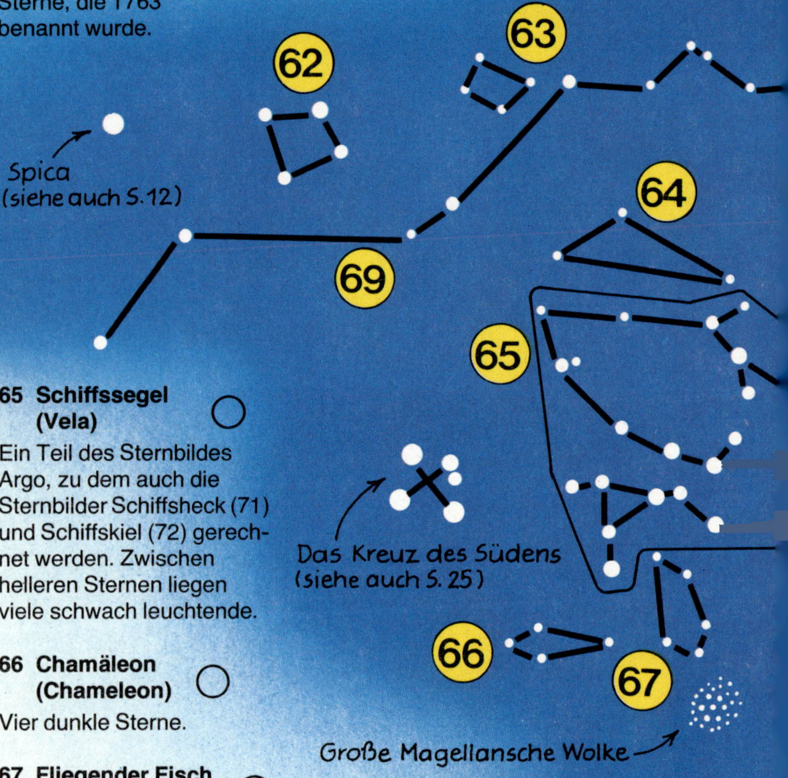

65 Schiffssegel (Vela) ○

Ein Teil des Sternbildes Argo, zu dem auch die Sternbilder Schiffsheck (71) und Schiffskiel (72) gerechnet werden. Zwischen helleren Sternen liegen viele schwach leuchtende.

66 Chamäleon (Chameleon) ○

Vier dunkle Sterne.

67 Fliegender Fisch (Volans) ○

Ein kleines Sternbild schwach leuchtender Sterne.

68 Sextant (Sextans) ○

Eine kleine Gruppe zwischen den Sternbildern Löwe und Wasserschlange.

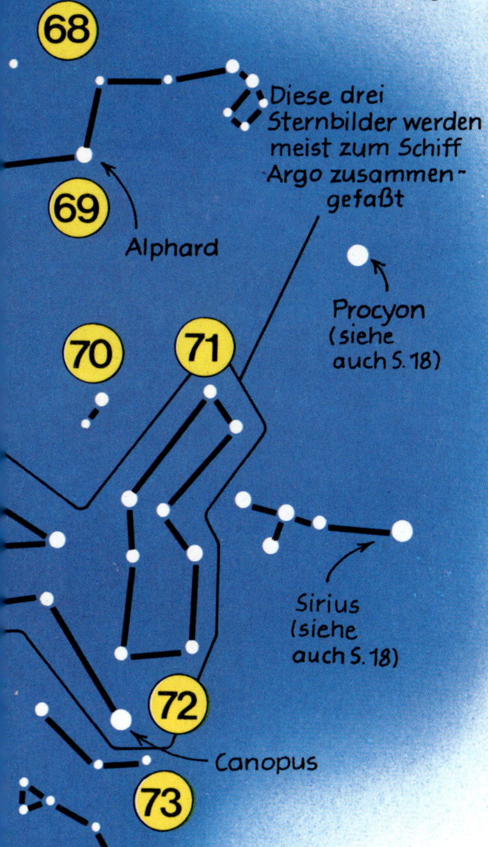

73 Malerstaffelei (Pictor) ○

Eine kleine Gruppe schwach leuchtender Sterne nahe Canopus.

69 Wasserschlange (Hydra) ○

Das am weitesten ausgedehnte Sternbild. Der Kopf der Schlange besteht aus 6 hellen Sternen und liegt in der Nähe vom Sternbild Krebs. Der Hauptstern ist Alphard und liegt zwischen Sextant und Schiffskompaß.

70 Schiffskompaß (Pyxix) ○

Eine kleine Gruppe zwischen Schiffssegel und Schiffsheck.

71 Schiffsheck (Puppis) ○

Wird zum Sternbild Argo gerechnet; mit diesem Schiff suchte Jason nach dem Goldenen Vlies. Enthält viele Nebel.

72 Schiffskiel (Carina) ○

Ein langgestrecktes Sternbild, das den Kiel von Argo bildet. Der Hauptstern, Canopus, ist der zweithellste Stern des Himmels und 900 Lichtjahre entfernt.

74 Schwertfisch (Dorado) ○

Liegt dicht neben der Großen Magellanschen Wolke.

Schütze bis Kreuz des Südens

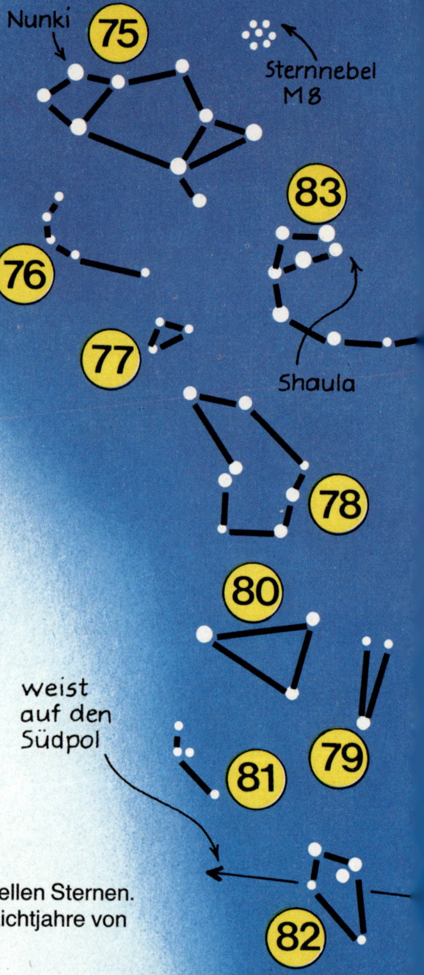

75 Schütze (Sagittarius)

Ein Tierkreissternbild, das östlich vom Sternbild Skorpion liegt. Diese Gruppe ist reich an Sternhaufen und Sternnebeln und für die Beobachtung mit dem Fernrohr sehr geeignet.

76 Südliche Krone (Corona Australis)

Eine halbkreisförmige Sterngruppe.

77 Fernrohr (Telescopium)

Eine kleine Gruppe nahe dem ,,Stachel" von Skorpion.

78 Altar (Ara)

Liegt zwischen Alpha Centauri und dem ,,Stachel" von Skorpion.

79 Zirkel (Circinus)

Besteht aus 3 schwach leuchtenden Sternen und liegt in der Nähe von Alpha Centauri.

80 Südliches Dreieck (Triangulum Australe)

Ein leicht zu findendes Dreieck aus hellen Sternen. Es wurde 1603 benannt und ist 100 Lichtjahre von uns entfernt.

81 Paradiesvogel (Apus)

Ein unauffälliges Sternbild aus schwach leuchtenden Sternen.

82 Fliege (Musca)

Liegt in der Nähe vom Kreuz des Südens und ist unauffällig.

83 Skorpion (Scorpius) ○

Ein Tierkreissternbild, das aus hellen Sternen besteht und leicht zu erkennen ist. Der Hauptstern ist Antares; im Fernrohr sind viele Sternhaufen zu erkennen.

84 Waage (Libra) ○

Ein Tierkreissternbild, das aus 4 schwach leuchtenden Sternen besteht, die ein Quadrat bilden.

85 Wolf (Lupus) ○

Wird aus 5 ziemlich hellen Sternen gebildet und liegt zwischen den Sternbildern Zentaur und Skorpion.

86 Winkelmaß (Norma) ○

Eine Gruppe dunkler Sterne, die wenig auffällt. Zwischen den größeren Sternen liegen viele kleine, denn das Sternbild liegt in der Milchstraße.

87 Zentaur (Centaurus) ○

In der Griechischen Sage ist Zentaur halb Pferd, halb Mensch. Der Hauptstern, Alpha Centauri, ist der dritthellste Stern des Himmels. Der nur im Fernglas sichtbare Stern Proxima ist nur 4,2 Lichtjahre von uns entfernt.

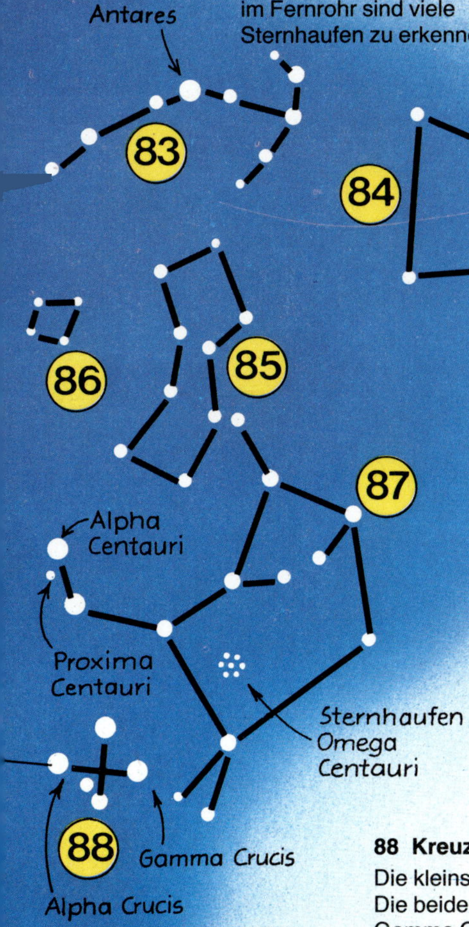

88 Kreuz des Südens (Crux) ○

Die kleinste Sterngruppe des Südhimmels. Die beiden hellen Sterne Alpha Crucis und Gamma Crucis weisen auf den Südpol.

Die Entstehung der Sterne

Auch die Sterne entstehen und vergehen, aber das geschieht in Zeiträumen, die für uns unvorstellbar sind. Zuerst ist wohl nur eine Wolke von Gas und Staub vorhanden, die sich dann zu einem Körper verdichtet und dabei ungeheuer stark aufheizt. Die Temperatur im Inneren der Sonne beträgt z. B. etwa 15.000.000 °C. Diese Hitze wird durch die Verschmelzung von Wasserstoffkernen erzeugt, ähnlich wie bei einer Wasserstoffbombe.
Auf diesen Seiten sind einige Sternnebel und Sternhaufen abgebildet, die gerade noch mit einem normalen Fernglas zu erkennen sind. Wenn du einen solchen Sternnebel oder Sternhaufen entdeckt hast, so hake ihn auf der Punktekarte ab.

Lagunen-Nebel (S. 24) ○

Besteht aus Wasserstoffwolken. Der Stern, der den Nebel zum Glühen bringt, ist so stark von Gasen umgeben, daß er nicht zu sehen ist. Ist 4580 Lichtjahre von uns entfernt.

Krippe (S. 13) ○

Ein leicht zu erkennender Sternhaufen mit einem Durchmesser von 18 Lichtjahren und 525 Lichtjahre von uns entfernt. Besteht aus etwa 200 Sternen. Auch durch starke Fernrohre sind keine glühenden Gaswolken zu sehen.

Siebengestirn (S. 19) ○

Zu diesem Sternhaufen gehören etwa 200 Sterne, die vor etwa 60 Millionen Jahren entstanden. Mit dem bloßen Auge sind 6 Sterne zu sehen, der 7. nur sehr schwach.

Omega Centauri (S. 25) ○

Nur von der Südhalbkugel zu sehen. Besteht aus Millionen von Sternen.

Orion-Nebel (S. 1 und 19) ○

Bildet das Schwert des Orion. Ist etwa 1500 Lichtjahre von uns entfernt.

Sternklassen

Auch ein Stern entsteht, wird älter und erlischt eines Tages. Während dieser Entwicklung sind seine Größe, seine Temperatur und auch das Licht, das er ausstrahlt, außerordentlich verschieden. Was wir als einen hellen Punkt am Himmel erkennen können, ist oftmals nicht ein einzelner Stern, sondern ein Sternenpaar. Andere Sterne verändern ihre Helligkeit innerhalb kurzer Zeit.

Die Farbe der Sterne ist sehr verschieden und reicht von blauweiß über weiß, gelb und orange bis rot. Diese Sterne sind verschieden heiß. Je höher die Temperatur auf ihrer Oberfläche ist, desto heller ist auch ihr Licht.

Farbe

Blauweiß	Weiß	Gelb	Orange	Rot

Oberflächentemperatur in °C

25 000	10 000	6 000	4 000	3 000

Typischer Stern

Spica	Sirius	Sonne	Arcturus	Betelgeuze

Nach der Temperatur ihrer Oberfläche unterteilt man die Sterne in 7 Spektralklassen. Jede Klasse läßt sich nach den Temperaturen noch einmal in mehrere Abschnitte unterteilen. Deshalb hat unsere Sonne die Spektralklasse G2.

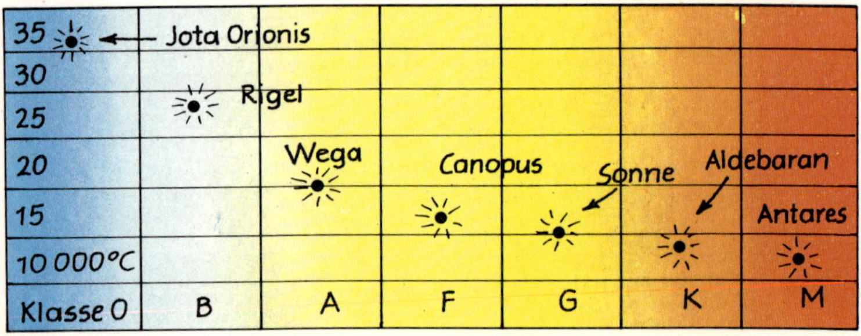

Algol (S. 16) ○

Alle 3 Tage verdunkelt sich dieser Stern für 10 Stunden. Das heißt aber nicht, daß er seine Leuchtkraft verliert. Vielmehr handelt es sich um 2 Sterne, von denen der eine den anderen zeitweise verdeckt. Der Hellere gehört in die Klasse B8, der andere zu K.

Sirius (S. 18) ○

Sirius ist 8,6 Lichtjahre von uns entfernt und gehört zur Spektralklasse A1. Der Stern hat als Begleiter einen Weißen Zwergstern, dessen Materie sich so stark konzentriert hat, daß eine Streichholzschachtel voll auf der Erde 30 Tonnen wiegen würde. Sirius gehört zum Sternbild Großer Hund. Er ist der hellste Stern am Himmel.

Mizar und Alcor (S. 12) ○

Mizar ist der mittlere Stern der Deichsel im Sternbild Großer Wagen (oder Großer Bär). Er hat einen kleinen Begleiter Alcor (siehe Pfeil), der gerade noch mit bloßem Auge zu erkennen ist. Mizar selbst ist ein Doppelstern; beide Sterne sind etwa 80 Lichtjahre von uns entfernt.

Verlöschende Sterne

Auch die Sterne leuchten nicht für alle Zeit. So, wie sie sich einst aus Gas und Staub gebildet haben, so verlöschen sie nach einigen Milliarden Jahren. Vorher ändern sie aber mehrfach ihren Zustand. Nachdem alle Wasserstoffkerne eines Sterns verschmolzen sind, besteht er nur noch aus Helium und erreicht eine Temperatur von 100 Millionen °C. Jetzt verschmelzen auch die Heliumkerne, der Stern dehnt sich aus und kühlt sich dabei ab, er wird zum Roten Riesenstern. Erneut erhitzt er sich auf 500 Millionen °C und leuchtet blauweiß auf, er wird zur Nova. Zuletzt schrumpft er stark zusammen und wird zum Weißen Zwergstern, bevor er endgültig erlischt.

Verschieden große Sterne

Die Zeichnung zeigt 6 Sterne im gleichen Maßstab. Sie sind sehr verschieden groß.

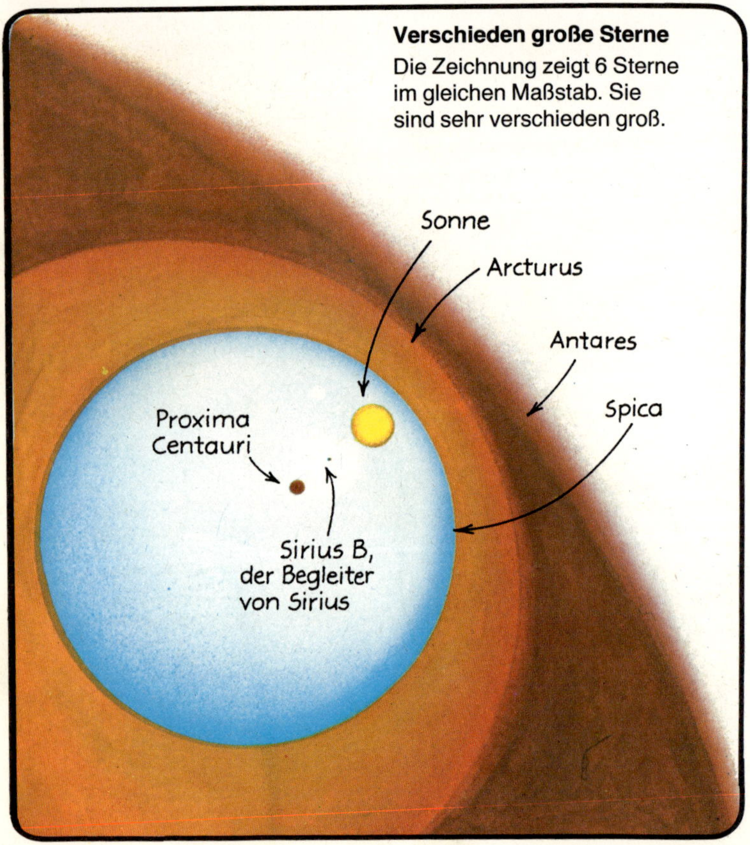

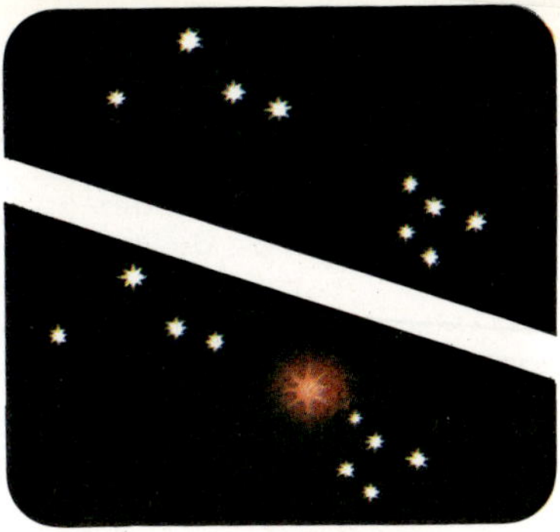

Mira (S. 16) ○

Der Hauptstern im Sternbild Walfisch. Er ist ein Roter Riesenstern und gehört zur Spektralklasse M. Seine Helligkeit ist sehr veränderlich. Monatelang ist er 1000 mal heller als zu anderer Zeit. Er gehört zu den langsam wechselnden Sternen, denn ein Wechsel der Helligkeit dauert fast ein Jahr.

Antares (S. 25) ○

Ist ein anderer Roter Riesenstern mit einem Durchmesser von etwa 400 Millionen km. Antares hat einen Begleiter der Spektralklasse B4, der nur durch ein großes Teleskop gesehen werden kann. Er wirkt neben dem rot gefärbten Antares fast grünlich. Auf Antares beträgt die Oberflächentemperatur nur 3200 °C.

Betelgeuze (S. 19) ○

Dieser Rote Riesenstern ist leicht zu entdecken. Er gehört zum Sternbild Orion und bildet dessen rechte Schulter. Das Bild ist nach einer Computeranalyse angefertigt und zeigt starke Temperaturunterschiede. Du kannst die Helligkeitsunterschiede am besten sehen, wenn du Betelgeuze mit Aldebaran vergleichst. Der Stern ist 560 Millionen km breit, 400 mal so groß wie die Sonne und gehört zur Spektralklasse M2.

Galaxien

Die Sonne und alle Sterne, die du mit bloßem Auge sehen kannst, gehören zu einem einzigen Sternsystem, der Milchstraße. Zu ihr gehören etwa 100 Milliarden Sterne. Und die Milchstraße ist eine unter vielen Galaxien, die es im Weltraum gibt.
Obwohl du nur ganz wenige dieser Sterne sehen kannst, erkennst du die Milchstraße doch als einen feinen leuchtenden Schleier. Er zieht sich durch die Sternbilder Cassiopeia, Schwan, Adler, Schütze, Skorpion, Zentaur, Kreuz des Südens, Schiffssegel, Schiffsheck, Einhorn und Perseus. Von anderen Galaxien kannst du 3 noch mit bloßem Auge erkennen.

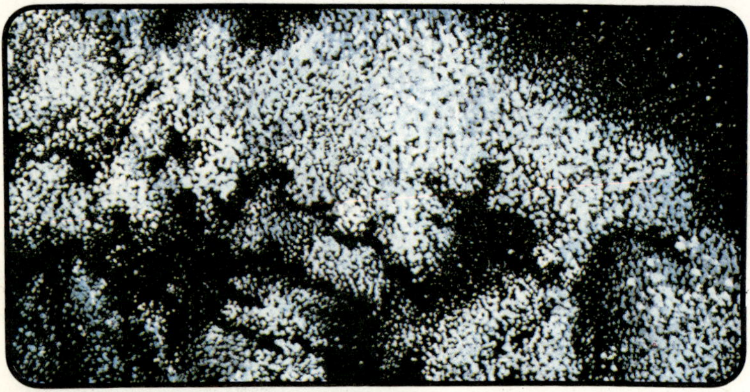

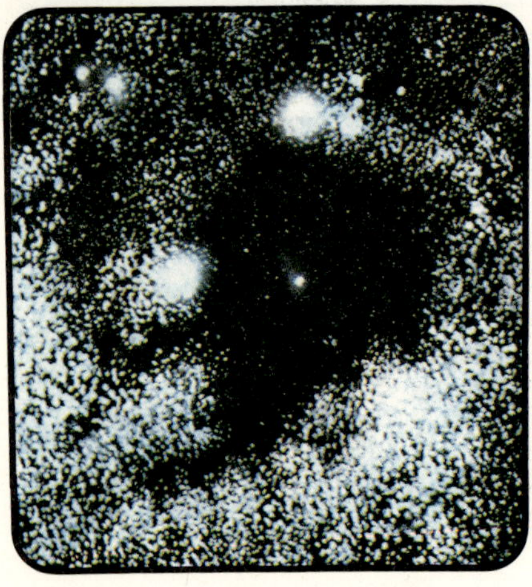

▲ Die Milchstraße ○

Dieser Ausschnitt des Milchstraßensystems zeigt, wie es durch ein Teleskop zu sehen ist. Aber auch mit einem normalen Fernrohr kannst du zahlreiche Sternhaufen und Sternnebel erkennen.

◀ Der Kohlensack ○

Staubwolken im Weltraum löschen das Sternenlicht aus. Das ist auch beim Kohlensack der Fall. Er liegt in der Nähe des Sternbildes Kreuz des Südens.

Die Magellanschen Wolken (S. 20-23)

Diese beiden staubartigen Wolken sind – wie auch der Kohlensack – nur von der Südhalbkugel der Erde aus zu sehen. Sie wurden 1521 von Ferdinand Magellan entdeckt und ihm zu Ehren benannt. Diese Galaxien sind kleiner als unsere Milchstraße und unsere nächsten Nachbarn im Weltraum.

Große Magellansche Wolke → ○

Kleine Magellansche Wolke → ○

Der Andromeda-Nebel (S. 16) ○

Mit bloßem Auge sieht man ihn nur als einen schwachen Schleier. Er ist 2,2 Millionen Lichtjahre von uns entfernt und damit das am weitesten entfernte Sternensystem, das sich ohne optische Hilfsmittel erkennen läßt. Diese Galaxis bildet eine Spirale, ähnlich der Milchstraße. Der Andromeda-Nebel, die Magellanschen Wolken, die Milchstraße und noch 30 andere Galaxien bilden eine gemeinsame Gruppe.

Die Planeten

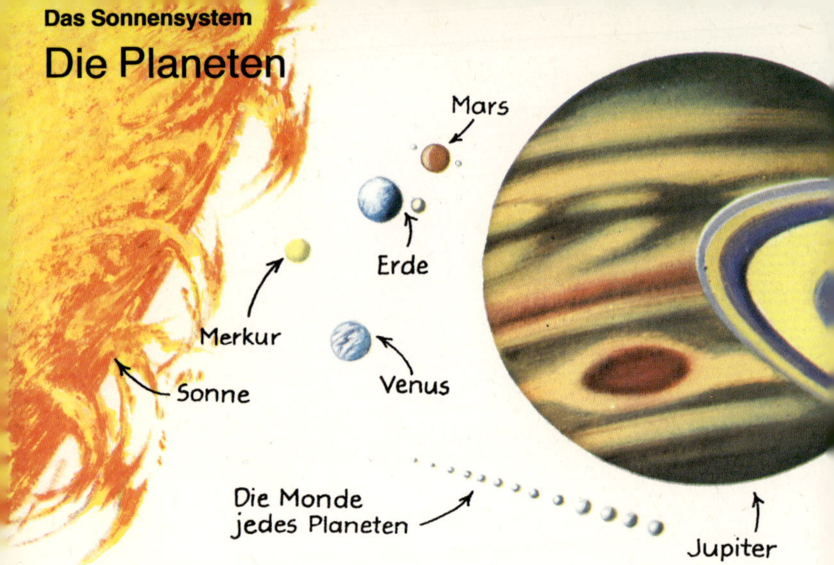

In einer klaren Nacht kannst du oft einen hellen Punkt am Himmel sehen, der zu keinem Sternbild gehört. Das ist ein Planet, der wie die Erde die Sonne umkreist. Das Wort Planet kommt aus dem Griechischen und bedeutet Wanderer. Die Planeten wechseln ihre Stellung am Himmel sehr schnell und können deshalb nicht wie die Sterne als Sternbilder dargestellt werden. Auf den folgenden Seiten sind die Planeten beschrieben, und nach jeder Beschreibung findest du in einer Tabelle, wann und wo sie während der nächsten Jahre am Himmel zu finden sind. Abgesehen von Uranus, Neptun

Die Planeten

Planet	Durchmesser	durchschnittlicher Sonnenabstand
Merkur	4 880 km	58 Millionen km
Venus	12 100 km	108 Millionen km
Erde	12 756 km	150 Millionen km
Mars	6 787 km	228 Millionen km
Jupiter	142 800 km	778 Millionen km
Saturn	120 000 km	1 427 Millionen km
Uranus	51 800 km	2 870 Millionen km
Neptun	49 500 km	4 500 Millionen km
Pluto	4 000 km (?)	5 900 Millionen km

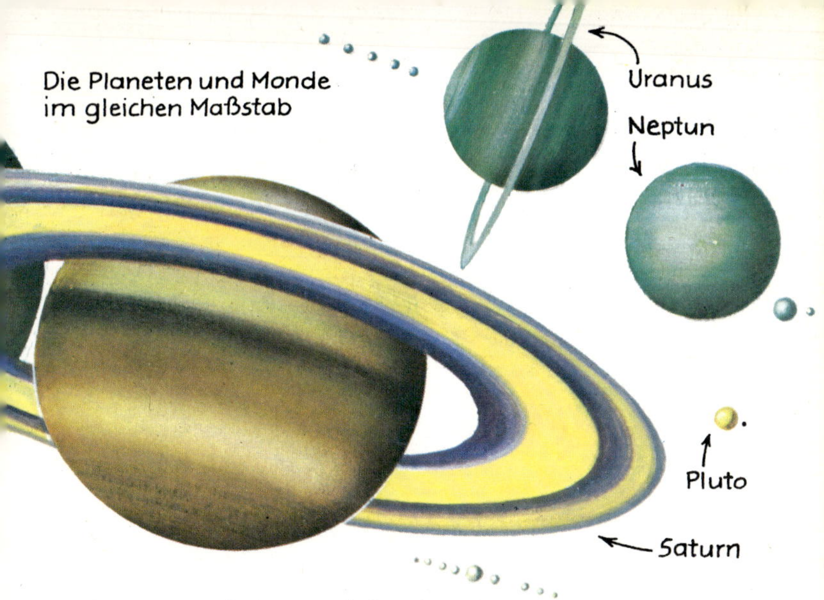

und Pluto sind die Planeten so hell, daß du sie nicht mehr verlierst, wenn du sie einmal entdeckt hast. Alle Planeten erscheinen hell, weil sie das Sonnenlicht zurückwerfen. Sie bewegen sich alle in derselben Richtung um die Sonne, und ihre Bahnen liegen ungefähr auf derselben Ebene, etwa wie die Rillen auf einer Schallplatte. Sie sind deshalb innerhalb eines schmalen Bandes am Himmel zu finden, das man den Tierkreis nennt. Die Sternbilder des Tierkreises sind: Widder, Stier, Zwillinge, Krebs, Löwe, Jungfrau, Waage, Skorpion, Schütze, Steinbock, Wassermann und Fische.

Umlaufzeit um die Sonne	**Dauer einer Umdreh.**	**Zahl der Monde**
88 Tage	59 Tage	keine
225 Tage	243 Tage	keine
365,3 Tage	23 Std. 56 Min.	1
687 Tage	24 Std. 37 Min.	2
11,9 Jahre	9 Std. 50 Min.	13 (14?)
29,5 Jahre	10 Std. 14 Min.	9 (10?)
84 Jahre	10 Std. 48 Min.	5
165 Jahre	15 Std. (?)	2
248 Jahre	6 Tage 10 Std.	1

Merkur ○

Merkur ist der Planet, der am nächsten zur Sonne steht. Er hat keine Atmosphäre. Die Sonne heizt ihn tagsüber auf 350 °C auf, die Seite, die von der Sonne abgekehrt ist, ist dagegen −170 °C kalt. Er hat viele Krater und sieht aus wie ein verschrumpelter Apfel. Vom Raumschiff Mariner 10 sind im März 1974 zahlreiche Fotos von Merkur aufgenommen worden.

Merkur ist nur mit starken Fernrohren zu sehen. In der Dämmerung erscheint er unmittelbar neben der Sonne als kleiner Punkt.

Merkur – wann und wo sichtbar

Jahr	**tief unten im Osten** in der Morgendämmerung	**Jahr**	**tief unten im Westen** in der Abenddämmerung
1979	Ende April	1979	Anfang März, Ende Okt.
1980	Anfang April	1980	Anfang Oktober
1981	Mitte März, Ende Okt.	1981	Ende September
1982	Anfang März, Mitte Okt.	1982	Anfang Mai, Anfang Sept.
1983	Anfang Oktober	1983	Mitte – Ende April
1984	Mitte Mai, Mitte Sept.	1984	Anfang April, Mitte Nov.

Venus ○

Venus ist fast so groß wie die Erde und hat eine Atmosphäre, deren Druck 100 mal so groß ist wie die der Erde. Sie besteht aus Kohlendioxyd und enthält vielleicht Schwefelsäuretröpfchen. Auf ihrer Oberfläche ist Venus etwa 480 °C heiß. Untersuchungen durch Radar und von Raumsonden aus zeigen, daß die Oberfläche Krater, Gebirge und Täler hat.

Nach Sonne und Mond ist Venus der hellste Himmelskörper. Sie erscheint entweder abends als „Abendstern" oder in der Morgendämmerung als „Morgenstern".

Venus – wann und wo sichtbar

Jahr	**im Osten, vor Sonnenaufgang** (Morgenstern)	**Jahr**	**im Westen, nach Sonnenuntergang** (Abendstern)
1979	Januar – August	1979	September – Dezember
1980	Juni – Dezember	1980	Januar – Mai
1981	Januar – März	1981	April – Dezember
1982	Februar – Oktober	1982	Jan., dann Nov. – Dez.
1983	September – Dezember	1983	Januar – August
1984	Januar – Juni	1984	Juli – Dezember

Mars ○

Mars ist etwa halb so groß wie die Erde. Er hat eine dünne Atmosphäre aus Kohlendioxyd, aber ohne Wasser. Abgesehen vom Eis der Polkappen ist er rotbraun gefärbt. Die Oberfläche zeigt tiefe Krater, von denen Olympus Mons 25 km hoch ist und einen Durchmesser von 500 km hat. Mars hat 2 Monde: Phobos und Deimos.

Die Abbildung basiert auf Fotos, die von amerikanischen Raumsonden aufgenommen wurden. Der Planet erscheint als ein heller, roter Himmelskörper.

Mars – wann und wo sichtbar

Jahr	sichtbar von	Sternbild	Seite
1979	Oktober November – Dezember	Krebs Löwe	13 13
1980	Januar – Juni	Löwe	13
1981	Oktober – November Dezember	Löwe Jungfrau	13 12
1982	Januar – August September	Jungfrau Waage	12 25
1983	November – Dezember	Jungfrau	12
1984	Januar – Juli August – September	Waage Skorpion	25 24–25

Jupiter ○

Jupiter ist so groß, daß alle Planeten mit Ausnahme von Saturn in ihm Platz hätten. Er ist 800 Millionen km von der Sonne entfernt; deshalb fällt trotz seiner Größe nur wenig Sonnenlicht auf ihn. Beim Betrachten durch das Fernrohr sieht man schmale gelbe oder braune Bänder und einen riesigen roten Fleck.

Jupiter erscheint als ein gelblichweißer Himmelskörper und wirkt größer als jeder Stern. Links ist sein großer roter Fleck im Verhältnis zur Erde dargestellt.

Jupiter – wann und wo sichtbar

Jahr	sichtbar von	Sternbild	Seite
1979	Januar – Juli August – Dezember	Krebs Löwe	13 13
1980	Januar – September Oktober – Dezember	Löwe Jungfrau	13 12
1981	Januar – Dezember	Jungfrau	12
1982	Januar – Dezember	Waage	25
1983	Januar – Dezember	Skorpion	24–25
1984	Januar – Dezember	Schütze	24

Saturn ○

Saturn ist der zweitgrößte Planet und besteht wahrscheinlich aus gasförmigem Methan, Ammoniak und Wasserstoff sowie aus gefrorenem (äußere Schale) und flüssigem (innerer Kern) Wasserstoff. Auf seiner Oberfläche herrscht eine Temperatur von −150 bis −200 °C. Seine „Ringe" bestehen aus kleinsten Staubteilen und Eisbrocken.

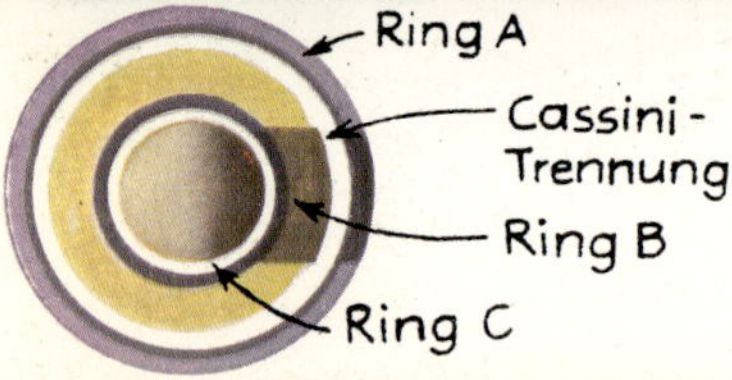

So sieht Saturn im Fernrohr aus. Mit dem bloßen Auge erscheint er als ein heller gelber Himmelskörper, während die Ringe so nicht sichtbar sind.

Saturn – wann und wo sichtbar

Jahr	sichtbar von	Sternbild	Seite
1979	Januar – Oktober November – Dezember	Löwe Jungfrau	13 12
1980	Januar – Dezember	Jungfrau	12
1981	Januar – Dezember	Jungfrau	12
1982	Januar – Dezember	Jungfrau	12
1983	Januar – Oktober November – Dezember	Jungfrau Waage	12 25
1984	Januar – Dezember	Waage	25

Uranus, Neptun, Pluto

Keiner der drei äußeren Planeten ist ohne Fernrohr sichtbar. Auch mit großen Teleskopen ist an ihnen nicht viel zu erkennen, und deshalb sind sie weitgehend unbekannt.

▼ **Uranus**

Dieser Planet wurde 1781 von Wilhelm Herschel entdeckt. Die Abbildung (unten) zeigt sein Ringsystem.

▶ **Neptun**

Neptun erscheint bläulich gefärbt und etwa so groß wie Uranus. Er hat 2 Monde: Nereid und Triton, die größer sind als unser Mond. Seine Oberflächentemperatur liegt bei −220 °C.

▶ **Pluto**

Diese beiden Fotos wurden 1930 in der Lowell-Sternwarte hergestellt. Auf ihnen wurde der Planet Pluto entdeckt. Die Pfeile zeigen einen kleinen Fleck, der sich deutlich vor den Sternen bewegt hat. Über diesen Planeten ist fast nichts bekannt, er wird bis 1989 am weitesten von der Sonne entfernt sein.

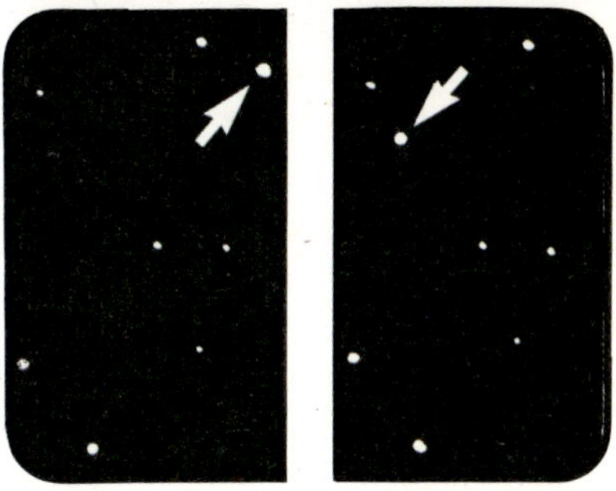

Kometen

Kometen bestehen aus Staub, kleineren Gesteinsbrocken, Eis und Gasen. Sie haben keine kreisförmige Bahn um die Sonne, sondern bewegen sich auf langgestreckten Ellipsen. Wenn ein Komet in die Nähe der Sonne kommt, so bilden die feinsten Teile einen langen Schweif, der oft so stark leuchtet, daß er mit bloßem Auge zu sehen ist. Dieser Schweif ist stets von der Sonne abgewandt, gleichgültig, wo der Komet steht.

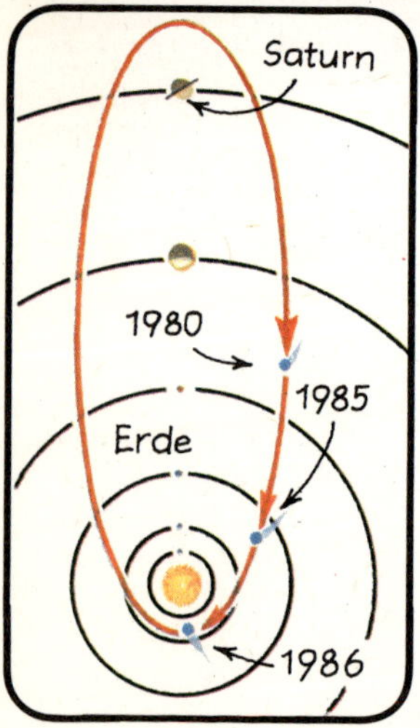

◀ Der Komet Halley

Manche Kometen erscheinen ganz unerwartet und verschwinden dann für Tausende von Jahren. Der Komet Halley ist dagegen alle 76 Jahre zu sehen. Die Zeichnung zeigt seine Umlaufbahn. Im Februar 1986 wird er wieder auftauchen.

Der Komet Ikeya-Seki, der 1965 sichtbar war

Asteroiden ○

Zwischen den Umlaufbahnen von Mars und Jupiter bewegt sich eine riesige Anzahl von Kleinplaneten um die Sonne. Die größten, z. B. Ceres, haben einen Durchmesser von etwa 700 km, die kleinsten sind nicht größer als ein Sandkorn, keiner von ihnen hat eine eigene Atmosphäre. Die meisten bestehen wohl aus Gestein, Eisen oder Nickel. Einige Asteroiden kommen bis auf wenige Millionen km an die Erde heran.

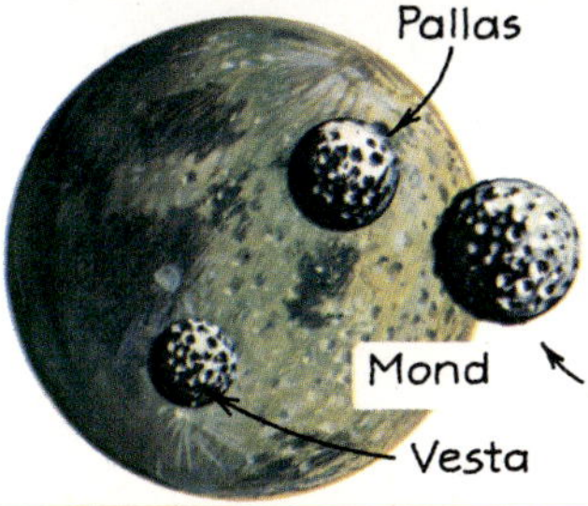

Mehr als 2000 dieser Kleinplaneten haben eine feste Umlaufbahn und sind durch einen Namen oder eine Nummer bezeichnet. Durch ein großes Teleskop kann man ungefähr 50.000 von ihnen sehen. Die Abbildung links zeigt die 3 größten, verglichen mit dem Mond.

Die größten Asteroiden	
Ceres	1.003 km Durchm.
Pallas	608
Vesta	538
Hygeia	450
Euphrosyne	370

Pioneer 10 war das erste Raumschiff, das den Asteroiden-Gürtel durchquerte

Der Mond

Der einzige natürliche Satellit der Erde ist der Mond, ein verhältnismäßig kleiner Himmelskörper mit einem Durchmesser von 3476 km. Der Mond hat keinerlei Atmosphäre und dementsprechend große Temperaturunterschiede auf seiner Oberfläche.
Die Oberfläche des Mondes ist dicht von Kratern bedeckt.
Dunkle Flächen werden von erkalteter Lava gebildet. Früher nahmen die

Hier sind 19 Besonderheiten des Mondes gezeigt. Die mit einem + gekennzeichneten kannst du nur mit dem Fernrohr sehen.

1 **Meer der Ruhe**
Mare Tranquillitatis

2 **Meer der Heiterkeit**
Mare Serenitatis

3 **Meer der Feuchtigkeit**
Mare Humorum

4 **Meer der Dämpfe**
Mare Vaporum

5 **Meer der Kälte**
Mare Frigoris

6 **Meer der Regen**
Mare Imbrium

7 **Meer der Wolken**
Mare Nubium

8 **Meer der Krisen**
Mare Crisium

9 **Meer des Nektars**
Mare Nectaris

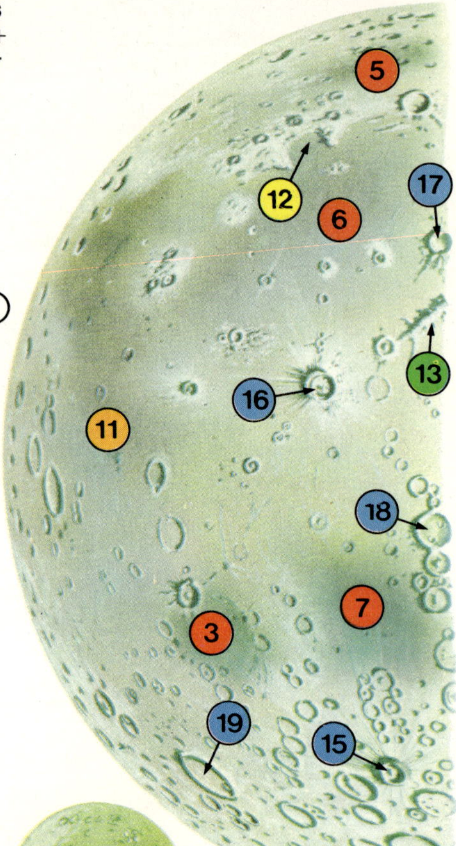

Die Rückseite des Mondes

Astronomen an, daß es sich hierbei um Meere handelt, und sie gaben diesen Flächen Namen mit den lateinischen Bezeichnungen Mare (Meer), Oceanus (Ozean) und Sinus (Bucht).
Der Mond zeigt der Erde immer dieselbe Seite, und niemand wußte bis vor kurzem, wie die Rückseite aussieht. Erst durch die Raumsonden ist sie in den letzten Jahrzehnten bekannt geworden.

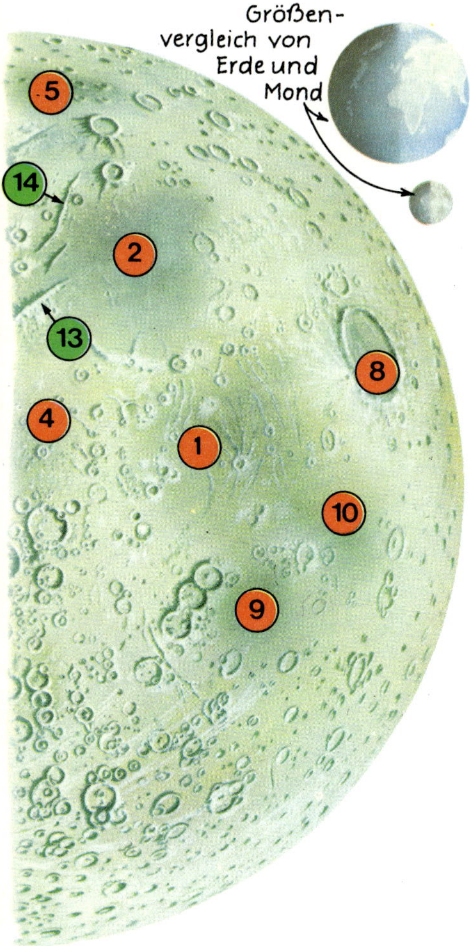

Meer der Fruchtbarkeit ○ Mare Foecunditatis — 10

Meer der Stürme ○ Oceanus Procellarum — 11

+ **Bucht des Regenbogens** Sinus Iridum ○ — 12

+ **Gebirge Apenninen** ○ — 13

+ **Gebirge Caucasus** ○ — 14

+ **Krater Tycho** ○ — 15

+ **Krater Copernicus** ○ — 16

+ **Krater Archimedes** ○ — 17

+ **Krater Ptolemaeus** ○ — 18

+ **Krater Schickard** ○ — 19

Mondphasen

Wenn der Mond zwischen Erde und Sonne steht, können wir seine helle, von der Sonne beschienenen Seite nicht sehen, es ist Neumond. Nach einigen Tagen ist bereits eine Sichel zu sehen, die von Tag zu Tag größer wird. Nach 2 Wochen steht der Mond – von der Erde aus gesehen – der Sonne gegenüber und zeigt uns seine erleuchtete Seite, es ist Vollmond. In den nächsten 14 Tagen nimmt die Größe des Mondes wieder ab.

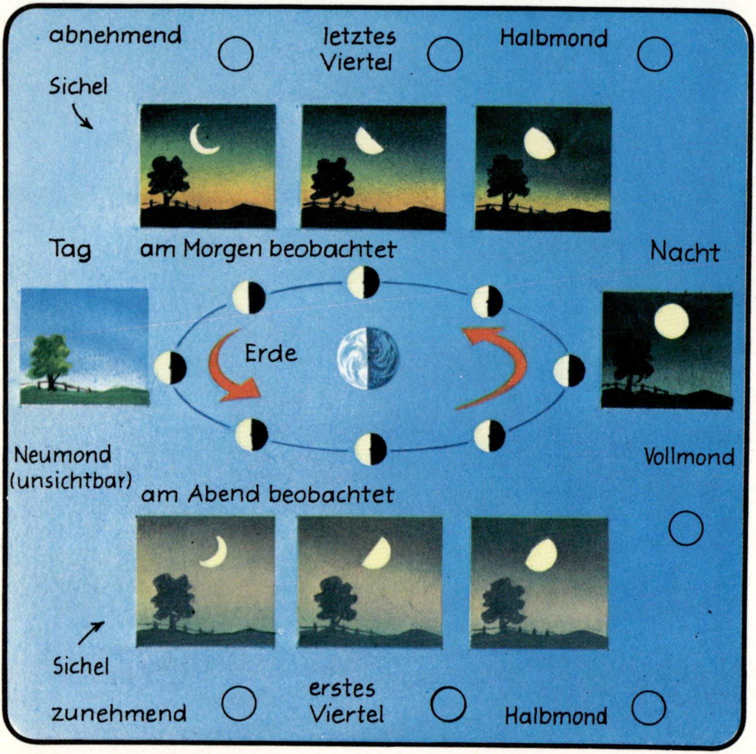

Daten über den Mond	
Durchmesser	3.476 km
Durchschnittl. Abstand von der Erde	384.000 km
Umkreist die Erde in	27,3 Tagen
Dreht sich um sich selbst in	27,3 Tagen
Oberflächentemperatur am Tage	105°C (F), nachts −155°C (F)

Sonnen- und Mondfinsternis

Wenn der Neumond sich genau zwischen Sonne und Erde befindet, verdeckt er deren Licht, und es gibt eine Sonnenfinsternis. Wenn der Vollmond in den Erdschatten gerät, so erscheint er plötzlich dunkel kupferrot gefärbt, das nennt man eine Mondfinsternis. Völlig dunkel wird es bei einer Sonnenfinsternis auf der Erde nur im Kernschatten, den der Mond auf die Erde wirft. Im Halbschatten ist es dämmerig.

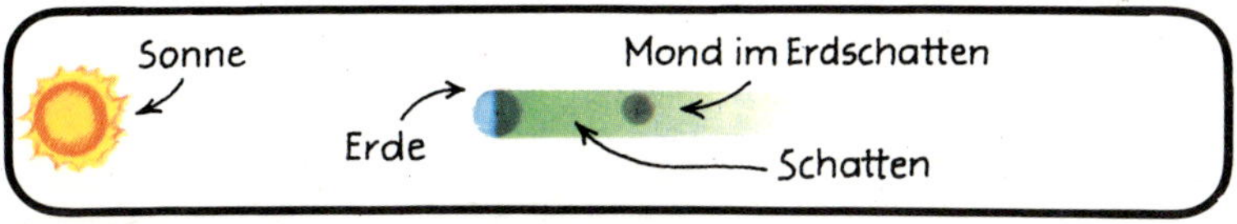

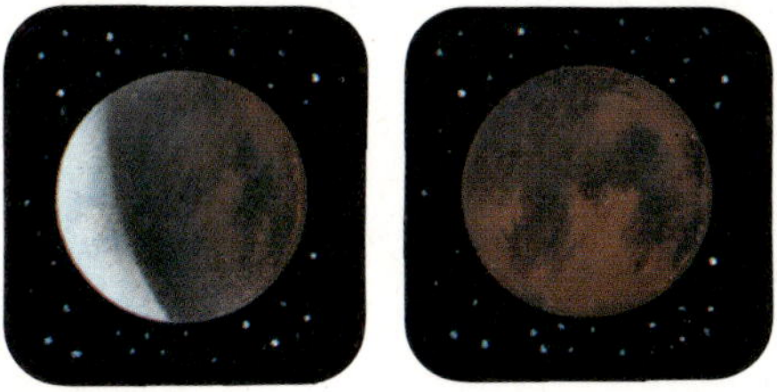

Mondfinsternis

Man unterscheidet eine teilweise und völlige Mondfinsternis. Im Kreis kannst du sie ankreuzen.

○ ← teilweise

total → ○

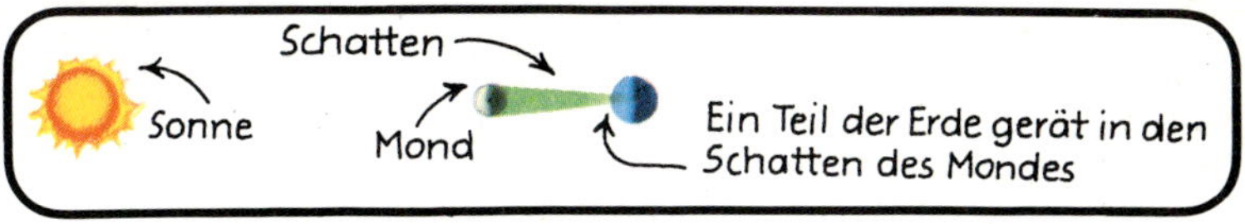

Sonnenfinsternis

Bei totaler Sonnenfinsternis kann man die Korona (glühende Gase) der Sonne sehen.

○ ← teilweise

total → ○

Achtung, Gefahr!

Es wird immer wieder gesagt, daß man die Sonne durch ein geschwärztes Glas beobachten kann. Tu es nicht, du schädigst deine Augen! Bau lieber ein Beobachtungsgerät, wie es auf der Seite 55 gezeigt wird.

Meteore

Zwischen den Planeten befinden sich viele kleine Körper, die höchstens einige km groß sind, aber meist nur die Größe eines Sandkorns haben. Sie heißen Meteore.

Meteore ○

Wenn ein Meteor in die Nähe der Erde kommt, so wird er von ihr angezogen. Er gerät in die Lufthülle, wird durch die Reibungswärme glühendheiß und leuchtet auf. Solche Erscheinungen nennt man Sternschnuppen. Die meisten Meteore verglühen in der Luft.

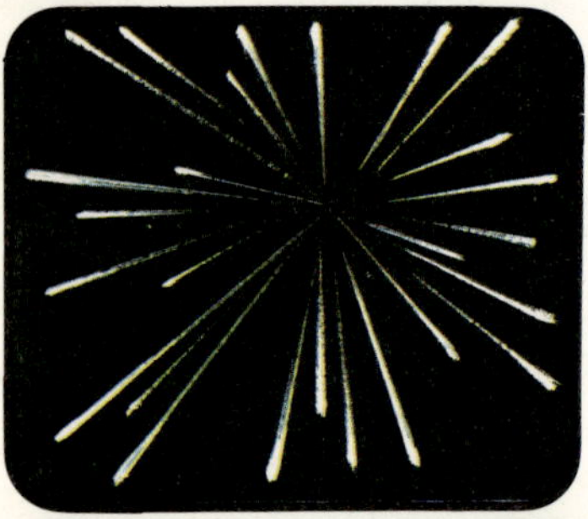

Sternschnuppenschwärme

Sternschnuppen bestehen aus Material, das zwischen den Planeten liegt und meist von Kometen stammt. Wenn die Erde nun die Umlaufbahn eines Kometen kreuzt, dann gibt es regelrechte Schwärme von Sternschnuppen. Einen solchen Schwarm bezeichnet man mit dem Namen des Sternbildes, von dem er scheinbar ausgeht. Diesen Punkt nennt man „Radiant".

Wenn sie zu leuchten beginnen, sind die Meteore noch etwa 100 km hoch, und die meisten verlöschen schon 80 km über der Erdoberfläche.

Meteorite

Manche großen Meteore zerplatzen in der Lufthülle der Erde, und ihre Bruchstücke schlagen auf der Erde auf. Diese Teile nennt man Meteorite. Sie sind äußerst selten, und du kannst sie nur in einem Museum sehen.

▲ **Steinmeteorite** ○

Meteorite können aus Metall oder Gestein bestehen. Sie schlagen (selten) mit gewaltigem Getöse auf der Erde auf. Die Steinmeteorite haben meistens eine schwarze, glänzende Kruste.

▶ **Nickel-Eisen-Meteorite** ○

Einer der größten Nickel-Eisen-Meteorite schlug vor 5 Millionen Jahren in Arizona ein und erzeugte einen 1200 m breiten Krater mit einer Tiefe von 175 m.

Auffallende Meteorschwärme

sichtbar am	Name	Radiant
01. – 06. Januar	Quadrantiden	Bärenhüter (Seite 12)
19. – 24. April	Lyriden	Leier (Seite 15)
01. – 08. Mai	Aquariden	Wassermann (Seite 17)
25. Juli – 18. August	Perseiden	Perseus (Seite 16)
16. – 21. Oktober	Orioniden	Orion (Seite 19)
20. Oktober – 30. November	Tauriden	Stier (Seite 19)
07. – 15. Dezember	Geminiden	Zwillinge (Seite 18)

Andere Himmelserscheinungen

Außer Sternen und Planeten gibt es noch andere Erscheinungen am Himmel zu entdecken. Beachte, daß man Polarlicht nicht in den Tropen und Zodiakallicht nicht außerhalb der Tropen sehen kann.

◀ **Polarlichter** ○

Das Polarlicht, eine Leuchterscheinung in der oberen Erdatmosphäre, entsteht durch die elektrische Strahlung der Sonne. Es hat oft eine gelbgrüne Färbung. Es tritt an beiden Polen auf und hat daher die Namen Nordlicht und Südlicht.

▶ **Zodiakallicht** ○

Diese Lichterscheinung tritt nur in tropischen Gebieten auf. Sie bildet sich an der Stelle, an der die Sonne auf- bzw. untergeht, als pyramidenförmiges Licht und entsteht durch Gaswolken auf der Sonne.

◀ **Kondensstreifen** ○

Diese Streifen, die sich meist bald auflösen und zerfließen, stammen von sehr hoch fliegenden Flugzeugen. Kurz nach Sonnenuntergang sind sie besonders auffällig. Die Eiskristalle, aus denen sie bestehen, reflektieren das Sonnenlicht.

▶ **Der Mondhof** ○

In manchen Nächten hat der Mond einen oder zwei silberweiße Ringe, die man als Hof des Mondes bezeichnet. Sie entstehen durch Eiskristalle in der obersten Erdatmosphäre.

Künstliche Satelliten

Mit Sputnik 1 begann am 4. 10. 1957 das Zeitalter der Raumfahrt. Seitdem sind Tausende von Satelliten und einige Weltraumlabors in eine Erdumlaufbahn gebracht worden. Die größten dieser Satelliten können in hellen Nächten mit dem bloßen Auge gesehen werden. Sie erscheinen als langsame, aber sich stetig bewegende, weiß leuchtende Himmelskörper. Du könntest sie leicht mit einem hoch fliegenden Flugzeug verwechseln. Dieses hat aber auch rote und grüne Lichter und ist zu hören.

▶ **Künstliche Satelliten** ◯

Wenn weiterhin so viele Satelliten auf die Erdumlaufbahn gebracht werden wie bisher, so brauchst du bald nicht länger als eine Stunde zu warten, bis du einen am Himmel sehen kannst. Wenn ein solcher Körper in den Erdschatten eintritt, so verschwindet er.

◀ **Blitzende Satelliten** ◯

Satelliten, die am nächtlichen Himmel blitzen, senden kein eigenes Licht aus, sondern reflektieren das Sonnenlicht. Wenn sie sich um ihre Achse drehen, blitzen die Flächen kurz auf.

▶ **Ufos** ◯

Mit dem Namen Ufo werden unbekannte Flugobjekte bezeichnet, von denen manche Leute fest behaupten, sie hätten sie gesehen, während andere das energisch bestreiten. Jeden Tag werden etwa 40 gemeldet. Die meisten lassen sich leicht erklären.

Wir machen Fotos

Wenn du eine Kamera hast, bei der du die Belichtungszeit beliebig lang ausdehnen kannst, so kannst du Fotos von Sternen machen. Der Verschluß der Kamera bleibt so lange offen, wie du auf den Auslöser drückst; dazu mußt du vorher die Belichtungszeit „B" einstellen. Vor der Belichtung mußt du die Blende so weit wie möglich öffnen und den Abstand auf unendlich (∞) stellen. Am besten verwendest du einen Drahtauslöser, damit die Kamera nicht wackelt. Verwende einen lichtempfindlichen Buntfilm.

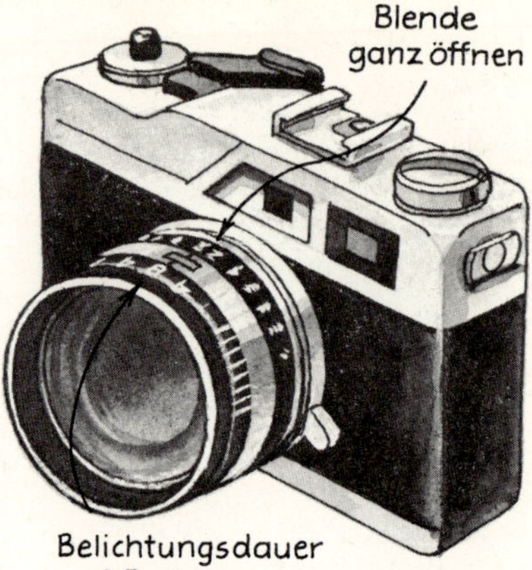

▲ **Die Befestigung der Kamera**

Die Kamera muß mehrere Minuten lang ganz still gehalten werden, deshalb kannst du nicht aus freier Hand fotografieren. Lege die Kamera auf eine Mauer oder befestige sie auf einem Stativ.

▶ **Die Spuren der Sterne**

Ein solches Bild kannst du erhalten, wenn du die Kamera auf den Polarstern ausrichtest und den Verschluß 1-2 Stunden lang offen läßt.

Wie die Sternbilder benannt wurden

Die Namen der meisten Sternbilder stammen aus den Sagen und Legenden und sind schon Tausende von Jahren alt. Manche wurden bereits von den Griechen übernommen und stammen aus noch älteren, längst vergessenen Kulturen. Wenn du dich für die Geschichte dieser Namen interessierst, so kannst du in einem guten Lexikon manches darüber nachlesen.

Die hier abgebildeten Sternbilder konnten die Griechen im Januar und Februar in hellen Nächten zusammen sehen. Die hervortretende Figur mit den hellsten Sternen ist in diesem Bild der Jäger Orion, der vom Stier angegriffen wird. Orion hält die Keule in der erhobenen rechten Hand und wehrt den Stier mit einem Schild aus Löwenfell ab. Hinter ihm lauern die beiden Hunde, während der Hase unbeachtet und regungslos zu den Füßen von Orion hockt.

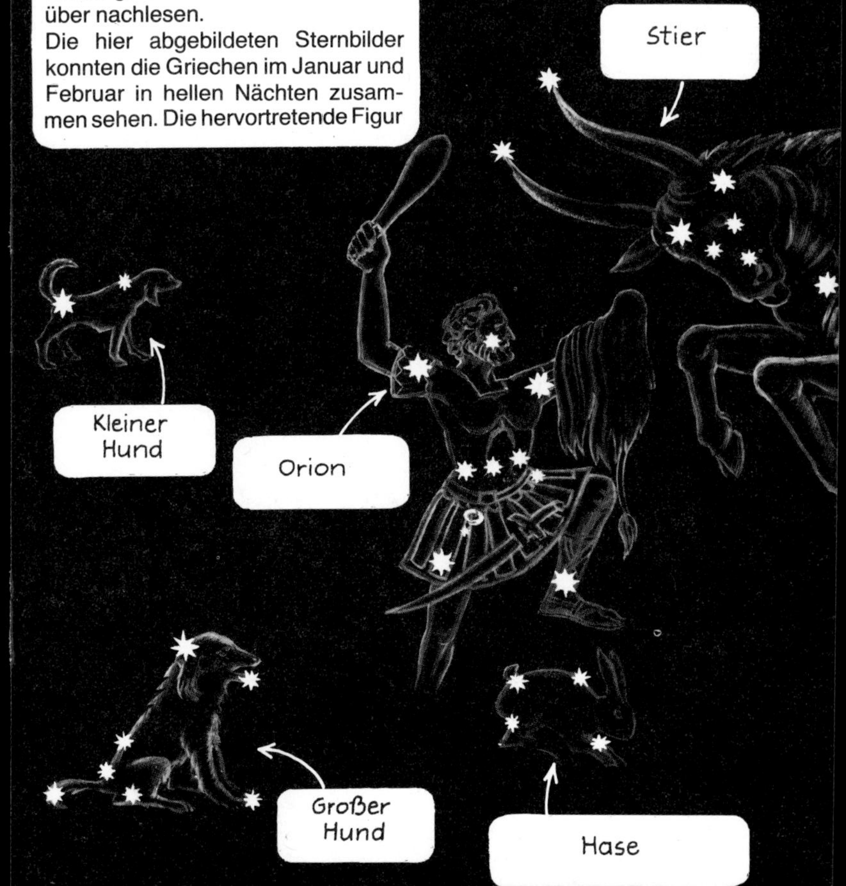

Ratespiel: Welches Sternbild ist das?

Gib jedem Sternbild seinen richtigen Namen und ergänze bei jedem den fehlenden Stern. Die Auflösung findest du unten.

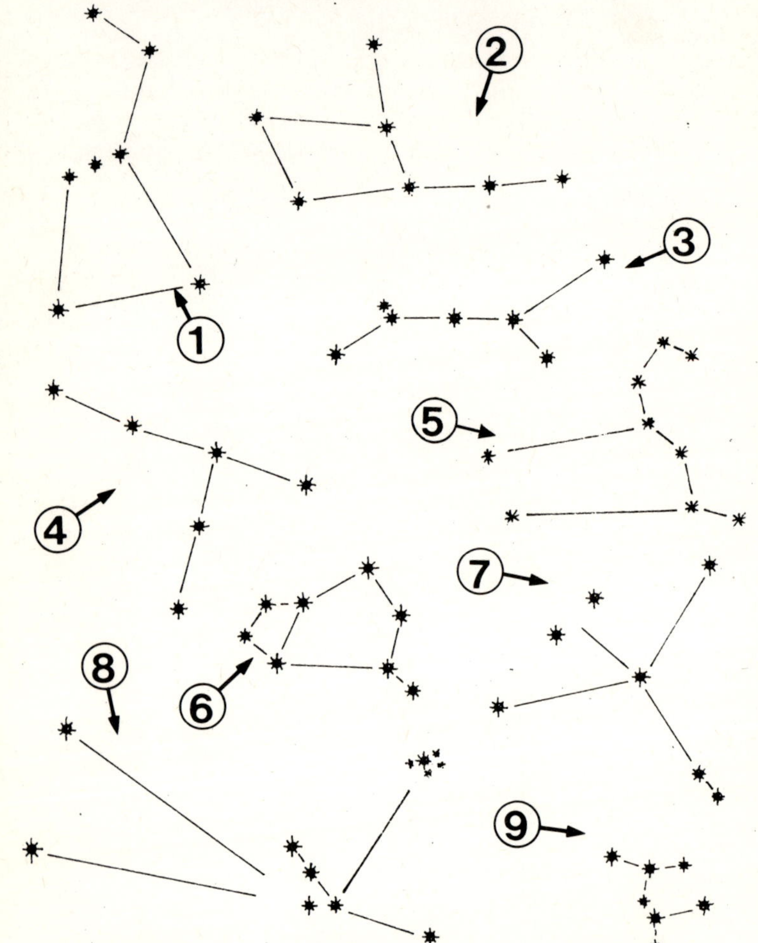

Auflösung: Auf der Seite findest du den Namen des Sterns.

1 Orion (S. 19)
2 Jungfrau (S. 12)
3 Großer Bär (S. 13)
4 Schwan (S. 14)
5 Löwe (S. 13)
6 Schütze (S. 24)
7 Adler (S. 14)
8 Stier (S. 19)
9 Cassiopeia (S. 17)

Wir bauen ein Beobachtungsgerät

Wenn du in die Sonne guckst, kannst du deine Augen schädigen. Auch ein geschwärztes Glas ist gefährlich. Aber mit diesem Beobachtungsgerät kannst du die Sonne beobachten, weil ihre Strahlen auf ein weißes Papier gelenkt werden.

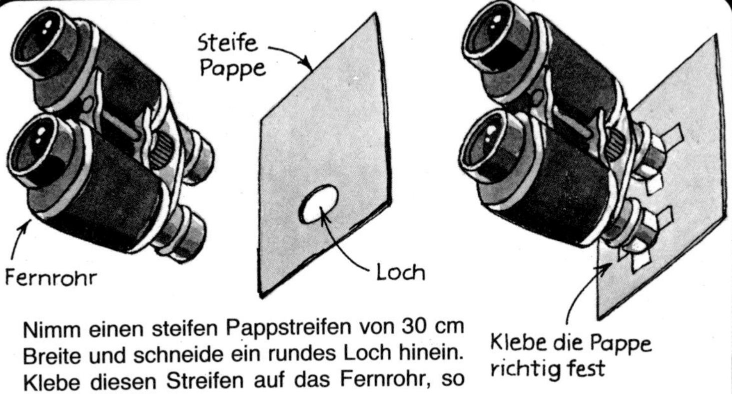

Nimm einen steifen Pappstreifen von 30 cm Breite und schneide ein rundes Loch hinein. Klebe diesen Streifen auf das Fernrohr, so daß nur eine Öffnung bleibt.

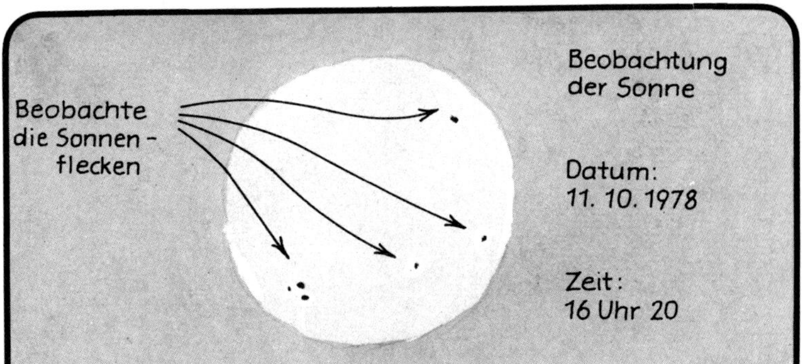

Befestige das Fernrohr – am besten an einem Stativ – und richte es auf die Sonne; schaue aber keinesfalls hindurch, sondern bewege ein weißes Papier so lange vor der Öffnung des Fernrohres hin und her, bis du das Bild der Sonne scharf auf dem Papier erkennst. Einzelne Sonnenflecken zeichnen sich ab; sie wandern, da die Sonne sich dreht.

Ratespiel: Das Sonnensystem

Benenne die Planeten (nach ihrer Entfernung von der Sonne).

1 ____________________

2 ____________________

3 ____________________

4 ____________________

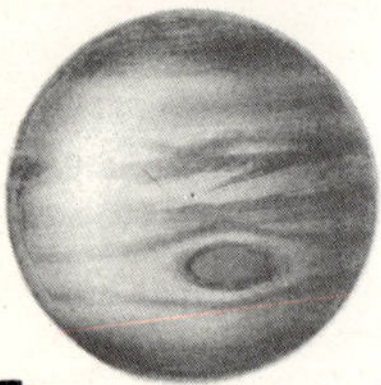

5 ____________________

6 ____________________

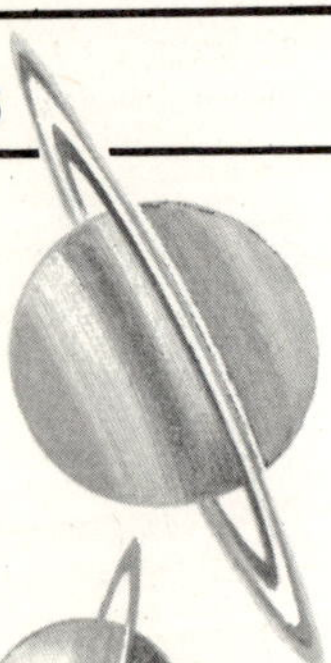

7 ____________________

8 ____________________

9 ____________________

Wieviel Monde haben die einzelnen Planeten?

Zahl der Monde	Planet(en)
13 oder 14	
5	
1	
2	
9 oder 10	
keine	

Wie weit sind die Planeten von der Sonne entfernt?

	Millionen km
Merkur	
Erde	
Jupiter	
Uranus	
Pluto	

Antworten auf diese Fragen erhältst du, wenn du die Seiten 34 und 35 aufschlägst.

Aus der Geschichte der Himmelskunde

Die Astronomie oder Himmelskunde gehört zu den ältesten Wissenschaften. Vor 2000 Jahren hatten die Astronomen keinerlei Hilfsmittel, mit denen sie den Himmel beobachten konnten. Und doch wußten sie aus dem Lauf der Gestirne die Jahreszeit abzuschätzen und den Zeitpunkt zu bestimmen, wann die Saat in die Erde gebracht werden mußte. Die Fischer richteten sich nach dem Sternenhimmel, wenn sie nachts auf dem Meer waren, um wieder heimzufinden. Die Zeitabschnitte Jahr, Monat, Tag, Stunde, Minute und Sekunde sind von Astronomen vor mehreren tausend Jahren festgelegt worden. Sie alle ergeben sich aus dem Lauf der Gestirne.
Bereits vor 5000 Jahren konnten die Astronomen Babylons und Ägyptens Sonnenfinsternisse und Mondfinsternisse vorhersagen.
In Griechenland nahm man vor 2000 Jahren an, daß die Erde der Mittelpunkt des Weltalls sei. An der Ansicht hat sich bis zum späten Mittelalter nichts geändert. Erst Nikolaus Kopernikus stellte die Wissenschaft auf den Kopf, als er 1543 ein neues Weltbild entwarf: Die Sonne steht im Mittelpunkt der Welt, Erde und Planeten laufen um sie herum, und der Mond bewegt sich um die Erde.
Von vielen Astronomen wurde diese Ansicht abgelehnt, aber Johannes Kepler stimmte den Lehren von Kopernikus zu. Er war es auch, der 1609 ein Werk herausbrachte, in dem die Bahnen der Planeten genau berechnet und beschrieben waren. Bis dahin hatte noch kein Mensch ein Fernrohr gegen den Himmel gerichtet. Es wurde erst im gleichen Jahr von Galileo Galilei erfunden. Er konnte beweisen, daß die Ansichten von Kopernikus und Kepler richtig waren, aber es wurde ihm von den Geistlichen seiner Zeit verboten, denn für diese stand immer noch die Erde im Mittelpunkt der Welt.

Welche Kräfte die Planeten um die Sonne bewegen, erkannte Isaac Newton: die Schwerkraft. Er überlegte, warum der Mond nicht auf die Erde fällt, wie ein Apfel vom Baum. Dabei kam er zu der Erkenntnis, daß die Fliehkraft der sich umkreisenden Körper genau so groß ist wie ihre Anziehungskraft. Durch die Schwerkraft wird das ganze Sonnensystem zusammengehalten.
Heute wird der Himmel mit riesigen Fernrohren untersucht und fotografiert. Das Licht, das ein Stern aussendet, wird zerlegt, und aus dem Spektrum kann man nicht nur erkennen, woraus er besteht und wie heiß er ist, sondern auch, ob er sich von uns entfernt oder auf unser Sonnensystem zurast. Aber es gibt heute noch andere Untersuchungsmethoden. Von riesigen Antennen werden Radiowellen von 2-20 cm Wellenlänge aus dem Weltraum aufgefangen. Sie durchdringen die Wolken unserer Lufthülle genauso, wie sie die Staubwolken des Weltalls durchdrungen haben. Diese Wellen kommen zum Teil von Himmelskörpern, die mit keinem Teleskop gesehen werden können.

Ein Planetarium

Ein Planetarium ist ein großer Kuppelbau, in dem an der Innenwand von einem Projektor der Sternhimmel abgebildet wird. Auch die Bahnen von Sonne, Mond, Planeten und Kometen können auf diese Weise dargestellt werden. Die Abbildung rechts zeigt, wie kompliziert ein modernes Projektionsgerät ist.

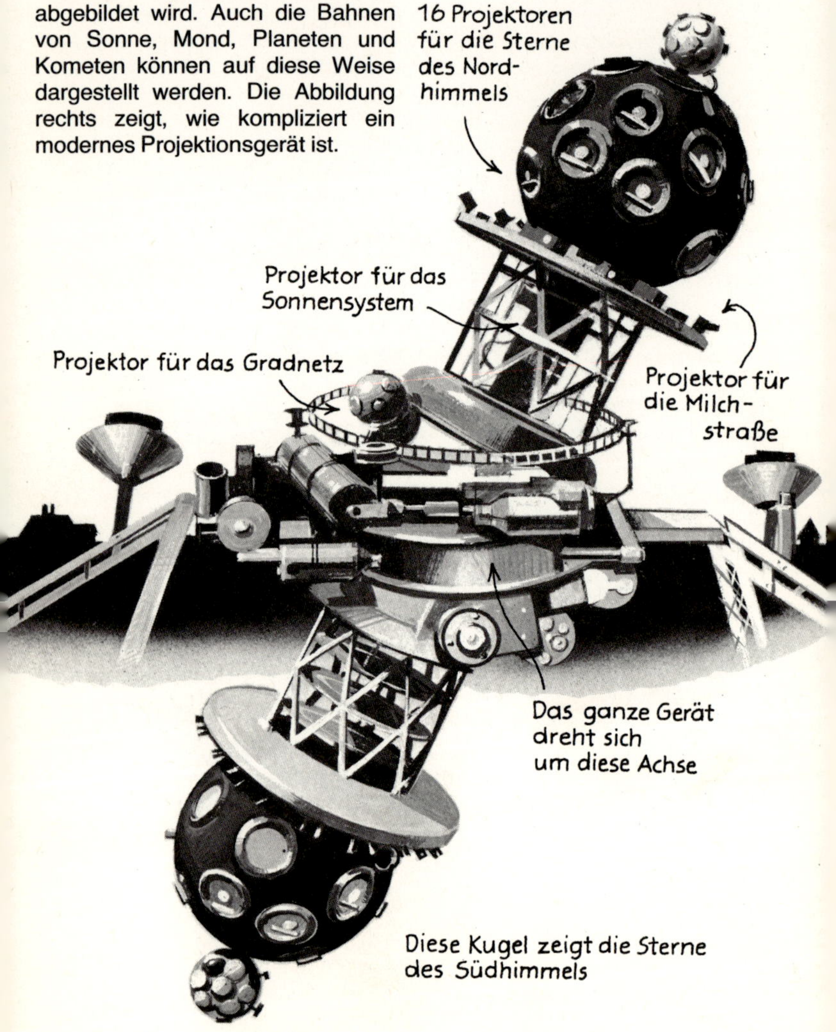

Worterklärungen

Asteroiden: Eine dichte Wolke aus Gas, Staub und Steinen, die zwischen den Planeten Mars und Jupiter liegt. Vielleicht ist zwischen Jupiter und Saturn eine zweite Wolke vorhanden.

Doppelstern: Ein System aus zwei Sternen, die sich umeinander drehen. Meist sind sie nur mit großen Teleskopen einzeln zu erkennen.

Finsternis: Wenn der Mond genau zwischen Sonne und Erde steht, so verdeckt er die Sonne von uns aus gesehen. Es entsteht eine Sonnenfinsternis. Sie dauert nur kurze Zeit. Wenn der Mond in den Schatten eintritt, den die Erde wirft, so erhält er kein Sonnenlicht, und es beginnt eine Mondfinsternis.

Galaxis: Eine Anhäufung von vielen Milliarden von Sternen, die sich um ein gemeinsames Zentrum drehen. Viele Galaxien – auch unsere Milchstraße – haben die Form eines Tellers.

Lichtjahr: Die Strecke, die das Licht in einem Jahr zurücklegt. Bei der Lichtgeschwindigkeit von 300 000 km je Sekunde sind das fast 10.000 Milliarden km. Vom Mond bis zur Erde braucht das Licht etwa 1,3 Sekunden.

Meteor: Ein Himmelskörper von der Größe eines Staubkorns bis zu mehreren km Durchmesser, der in die Erdnähe gerät und durch die Reibungshitze in etwa 100 km Höhe zu glühen beginnt.

Meteorit: Ein mehr oder minder großer Teil eines Meteors, der auf die Erde aufprallt. Das kommt außerordentlich selten vor.

Mondphase: Der Wechsel des beleuchteten Teils der Mondkugel, den wir von der Erde aus sehen. Auch die Planeten haben Phasen.

Planet: Ein verhältnismäßig kleiner Himmelskörper, der auf einer festen Umlaufbahn um die Sonne läuft. Auch die Erde ist ein Planet.

Radiant: Der Punkt, von dem ein Meteorschwarm scheinbar ausgeht.

Roter Riesenstern: Ein Stern, der sich stark ausdehnt und dabei abkühlt. Er verdichtet sich wieder und wird zum Weißen Zwergstern.

Stern: Ein Himmelskörper, der durch Atomumwandlungen sehr heiß ist und Licht ausstrahlt. Die Sonne ist ein solcher Stern, nicht aber der Mond oder die Planeten, sie reflektieren nur das Sonnenlicht.

Sternnebel: Eine Wolke aus Gas und Staub, aus der sich ein Sternsystem bildet.

Umlaufbahn: Die unveränderliche Bahn, mit der Himmelskörper umeinander kreisen, z. B. der Mond um die Erde und die Erde um die Sonne.

Urknall: Manche Astronomen nehmen an, daß das Weltall durch die Explosion eines einzigen Himmelskörpers entstanden ist.

Weißer Zwergstern: Ein Stern, dessen Materie so dicht ist, daß 1 cm^3 auf der Erde einige Tonnen wiegen würde. Er ist sehr heiß und strahlt ein blauweißes Licht aus.

Namensverzeichnis

Punktekarten

Wenn du in einer klaren Nacht den Himmel betrachtet hast, so trägst du am nächsten Tag in die Punktekarte ein, was du beobachtet hast. Für jede Entdeckung erhältst du Punkte und kannst berechnen, wie erfolgreich du warst. Das Zeichen S bedeutet, daß du diesen Himmelskörper nur von der Südhalbkugel der Erde aus sehen kannst.

Seite	Art	Punkte	Datum	Datum	Datum	Seite	Art	Punkte			
12	Drache	10				15	Herkules	15			
12	Jagdhunde	15				15	Nördliche Krone	10			
12	Bärenhüter	5				15	Schlange	15			
12	Haar der Berenike	20				16	Giraffe	20			
12	Jungfrau	10				16	Perseus	10			
13	Kleiner Bär	10				16	Andromeda	10			
13	Großer Bär	5				16	Dreieck	15			
13	Luchs	20				16	Widder	10			
13	Kleiner Löwe	15				16	Fische	20			
13	Krebs	15				16	Walfisch	15			
13	Löwe	5				17	Cepheus	15			
14	Schwan	5				17	Cassiopeia	5			
14	Delphin	10				17	Eidechse	20			
14	Pfeil	15				17	Pegasus	10			
14	Steinbock	15				17	Füllen	20			
14	Adler	10				17	Wassermann	15			
14	Schild	20				18	Zwillinge	5			
15	Fuchs	20				18	Kleiner Hund	10			
15	Leier	5				18	Einhorn	20			
15	Schlangenträger	10				18	Großer Hund	5			

Seite	Art	Punkte			
19	Fuhrmann	10			
19	Stier	10			
19	Orion	5			
19	Hase	10			
20	Taube S	15			
20	Pendeluhr S	20			
20	Grabsichel S	20			
20	Netz S	15			
20	Tafelberg S	25			
20	Südliche Wasserschlange S	15			
20	Oktant S	20			
20	Pfau S	15			
21	Inder S	20			
21	Feuerofen S	25			
21	Eridanus	10			
21	Tukan S	15			
21	Bildhauerwerkstatt S	25			
21	Phönix S	15			
21	Südlicher Fisch S	15			
21	Kranich S	15			
21	Mikroskop S	25			
22	Rabe	10			
22	Becher	15			
22	Luftpumpe S	20			
	Summe				

Seite	Art	Punkte			
22	Schiffssegel S	10			
22	Chamäleon S	20			
22	Fliegender Fisch S	20			
23	Sextant	25			
23	Wasserschlange	10			
23	Schiffskompaß S	20			
23	Schiffsheck	15			
23	Schiffskiel S	10			
23	Malerstaffelei S	20			
23	Schwertfisch S	20			
24	Schütze	5			
24	Südliche Krone S	10			
24	Fernrohr S	20			
24	Altar S	15			
24	Zirkel S	20			
24	Südliches Dreieck S	10			
24	Paradiesvogel S	15			
24	Fliege S	15			
25	Skorpion	5			
25	Waage	15			
25	Wolf S	15			
25	Winkelmaß S	20			
25	Zentaur S	5			
25	Kreuz des Südens S	5			
	Summe				

Seite	Art	Punkte			
26	Lagunen-Nebel	20			
26	Krippe	20			
27	Siebengestirn	10			
27	Omega Centauri	10			
27	Orion-Nebel	10			
29	Algol	30			
29	Sirius	5			
29	Mizar und Alcor	10			
31	Mira	15			
31	Antares	5			
31	Betelgeuze	5			
32	Milchstraße	5			
32	Kohlensack S	10			
33	Große Magellansche Wolke S	10			
33	Kleine Magellansche Wolke S	15			
33	Andomeda-Nebel	20			
36	Merkur	25			
37	Venus	10			
38	Mars	10			
39	Jupiter	10			
40	Saturn	15			
44	Meer der Ruhe	10			
44	Meer der Heiterkeit	10			
44	Meer der Feuchtigkeit	15			
		Summe			

Seite	Art	Punkte			
44	Meer der Dämpfe	15			
44	Meer der Kälte	15			
44	Meer der Regen	10			
44	Meer der Wolken	15			
44	Meer der Krisen	5			
44	Meer des Nektars	15			
45	Meer der Fruchtbarkeit	10			
45	Meer der Stürme	5			
45	Bucht des Regenbogens	15			
45	Gebirge Apenninen	20			
45	Gebirge Caucasus	20			
45	Krater Tycho	15			
45	Krater Copernicus	15			
45	Krater Archimedes	20			
45	Krater Ptolemaeus	20			
45	Krater Schickard	15			
46	Mond, abnehmend				
	Sichel	5			
	letztes Viertel	5			
	Halbmond	5			
	Vollmond	5			
46	Mond, zunehmend				
	Sichel	5			
	erstes Viertel	5			
		Summe			

Seite	Art	Punkte			
	Halbmond	5			
47	Mondfinsternis				
	teilweise	30			
	total	50			
47	Sonnenfinsternis				
	teilweise	30			
	total	50			
48	Meteor	5			
49	Steinmeteorite	10			
49	Nickel-Eisen-meteorite	10			
49	Sternschnuppen-schwarm				
	aus dem Sternbild				
	Bärenhüter	20			
		Summe			

Seite	Art	Punkte			
	Leier	20			
	Wassermann	20			
	Perseus	15			
	Orion	20			
	Stier	20			
	Zwillinge	20			
50	Polarlichter	25			
50	Zodiakallicht S	25			
50	Kondensstreifen	10			
50	Mondhof	15			
51	Satelliten	10			
51	Blitzende Satelliten	20			
51	Ufo	50			
		Summe			

Gesamt-Summe			

Weiterführende Bücher

H. Vehrenberg und D. Blank: **Handbuch der Sternbilder** (Treugesell-Verlag Düsseldorf). – H. Werner: **Vom Polarstern bis zum Kreuz des Südens** (Gustav Fischer Verlag Stuttgart). – J. J. von Littrow: **Die Wunder des Himmels** (Ferdinand Dümmler Verlag Bonn). – O. Struwe: **Astronomie** (Walter de Gruyter Verlag Berlin). – A. Unsöld: **Der neue Kosmos** (Springer Verlag Heidelberg). – M. Waldmeier: **Sterne und Weltall** (Hallwaag Verlag Bern).